[あじあブックス]
041

中国「野人」騒動記

中根研一

大修館書店

はじめに

〝野人《やじん》〟をご存じだろうか？

昨今、日本のテレビ番組等でもたびたび取り上げられており、ご覧になったかたもいらっしゃるだろうが、中国奥地の秘境に実在するのではないかとうわさの絶えない、いわゆる未確認動物である。その正体は古代猿人の生き残りとも、新種の霊長類ともいわれている。早い話が、ヒマラヤの雪男の中国版と考えていただきたい。

「なんだ、オカルト話か」とお思いの向きもあろうが、もう少し私の話におつきあいいただきたい。そもそもこの〝野人〟については、中国において一九八〇年代に盛んに取りざたされ、日本の新聞やテレビなどでも報道されていた。やがて、それが子供向けのオカルト本などにも掲載されるようになり、〝野人〟ということばは、当時少年だった私の頭にも「謎の生物が棲む秘境・神農架《しんのうか》」の名前とともに刻みつけられていったのである。いつか自分で、その正体をあばいてやりたいとさえ思っていた。

時は流れ、二十五歳になった私は、中国文学専攻の留学生として、中国の地にいた。すでにオカルト的なモノに対し、懐疑的な見方をするようになってしまっていた私であったが、ひょんなことからふたたび中国の〝野人〟と対峙することとなった。一九九七年秋に中国で起こったある事件——〝野人〟と人間とのあいだの混血児〝雑交野人《ざっこうやじん》〟についての報道——が発端である。山から来た毛むくじゃらの〝野人〟と、人間の女性とのあいだに生まれたという男性のエピソードを伝えるその新聞記事に、私は中国古来の伝説の臭いを感じていた。

東晋《とうしん》の干宝《かんぽう》『捜神記《そうじんき》』や、西晋《せいしん》の張華《ちょうか》『博物志《はくぶつし》』に載せる話には、猳国《かこく》と呼ばれるサルのような怪物が、人間の女性をさらっては自分の子孫を生ませる、とある。唐代伝奇小説「補江総白猿伝《ほこうそうはくえんでん》」も、白猿の怪物が女性を山へさらっていき、主人公がそれを連れ戻す、という話であった。それ以降の中国通俗小説のなかにも同様のモチーフを持った作品は、いくつか存在する。これはなにを意味するのか？

急スピードで近代化を進める現代中国で、なぜ今になってまた〝野人〟の物語が語られるのか？私の興味は、生き物としての〝野人〟の存在そのものから、しだいにそれを物語る人間の側へとシフトしていった。〝野人〟について語られているさまざまなテクストを可能な限り集め、そのなかから中国人の持つ「〝野人〟観」といったものをあぶり出せはしまいか、と考えたのである。そしてその作業は今も継続中である。

中国人の〝野人〟観を探る、ということであれば、わざわざ秘境へ足を踏み入れる必要はなかったかもしれない。そんな「経験」は、研究に無意味だ、と思われるかもしれない。しかし私は、嬉々として現地調査に赴いた。その存在には懐疑的という立場をとりながらも「もしかしたら」という思いで、森を歩いたのも事実だ。これはもう、自分の幼少のころよりの夢を果たすため以外のなにものでもなかったことを白状しておく。自分の足で神農架を歩き、住民や関係者に話を聞き、目撃現場に立つ。そこで集めた資料と、実際に肌で感じた経験とが、のちの考察に大いに役立ったのは確かである。

本書は五章から構成される。第一章から第四章までは、私が〝雑交野人〟騒動を知り、実際に神農架入りしてからおこなった取材活動の模様を、時間軸に沿って記述した。一種の探検記のようなものとしてお読みいただければ幸いである。最終章の第五章は、一連の〝野人〟騒動の顚末と、中国人の「〝野人〟観」についての、いわば考察編である。前章までに提示された〝野人〟をめぐる物語のテクストをもう一度ながめなおし、「現代〝野人〟現象の正体」を探る作業を、そこにおいて試みている。

それでは、そろそろ本題へ入るとしよう。いざ中国〝野人〟ワールドへ！

目次

一　〝雑交野人〟あらわる！

1 都市を走った怪情報

最初の新聞報道

一九九七年十月七日。その日、私は中国の西南地方、四川省成都《せいと》市にいた。ほんの一ヶ月前、中国政府の奨学金を受け、同地にある四川大学に二年間の予定で留学に来たばかりであった。ようやく成都ライフに慣れ始めたころのこと。その後の留学生活に大きな影響をおよぼすことになる新聞記事が、私の目に飛び込んできた。

同日の『華西都市報』の紙面に、ある小さな囲み記事が掲載された。センセーショナルな見出しが踊る。

「――湖北省で「混血」野人発見。身長二メートル、頭部は尖っていて小さく、矢のように突起した背骨の存在がはっきりと認められ、今なお健在……」

湖北发现「混血」野人

身高二米，头部尖小，有明显矢状脊，至今健在

一盘录像资料披露一个惊人消息

本报湖北消息　湖北发现世界首例活体“杂交野人”。9月26日，在总部设于武昌的中国“野人”考察研究会播放的录像，展示了这一世界奇观。

屏幕上出现的“杂交野人”系雄性活体。初看去与常人几乎无甚差异。细观之则见其头部尖小，长有明显的矢状脊，身高约2米，赤身裸体，步幅很大，四肢及形体特征均似“野人”，但它无“野人”那样的长毛，也没有语言。

中国野考会负责人李爱萍女士称，这一珍贵的录像资料是她去年底清理父亲遗物时发现的。其父李建先生1995年底去世，生前任中国野考会执行主席兼秘书长。

据介绍，该录像资料是1986年由野考会员在神农架毗邻地区拍摄的，当时，“杂交野人”33岁，其母健在。该妇早年丧夫后一直守寡，对杂交孩子一事羞辱万分，始终不肯对调查者透露半点细节。李爱萍女士说：“好在她的大儿子、‘杂交野人’的哥哥是队上干部，在得到本会会员‘保密’的承诺后，讲述了其母被‘野人’掳去并生杂交后代的‘隐私’。”

据悉，“杂交野人”生母现已去世，野考会会员当初与其家人关于“不得在她生前公开‘杂交野人’消息”的约定随之解除。李爱萍女士透露，据她获知的最新信息，该“杂交野人”至今健在。她称，野考会正筹措资金，准备进行深入的考察研究，以期最终揭开它的神秘面纱。

“野人”掳人为偶的事古已有之，晋代、宋代、清代都有记载。而首例见诸报道的“杂交野人”则是三峡巫山“猴娃”（死后报道），其外貌、性情等与猴极似。可惜“猴娃”已于1962年去世，且生前没留下任何有关的科学考察资料。

（张松平）

『華西都市報』記事（1997年10月7日）。〝雑交野人〟の第一報だ！

記事の概略はこうである。

一九九七年九月二十六日、湖北省武漢《ぶかん》に設置された中国〝野人〟考察研究会（以下、「中国野考会」）総本部が公開した映像資料のなかに、〝雑交野人〟――すなわち〝野人〟と人間とのハーフ――と思われる、生きているオスの個体の映像があった。ちょっと見ただけでは常人と変わりないが、細かく観察すると頭部が尖っていて小さく、矢のように突起した背骨がはっきりと見える。身長約二メートル、丸裸で歩幅が大きく、四肢および形態の特徴が〝野人〟

にそっくりである。ことばも話せない。ただしこの個体は〝野人〟のような長い毛はない。

今回発表された映像資料は、中国野考会責任者の李《り》愛萍《あいへい》女史が、一九九六年末、父である李健《りけん》氏（一九九五年没。生前、中国野考会執行主席兼秘書長）の遺品を整理中に発見したものである。それは一九八六年に中国野考会員が湖北省神農架《しんのうか》で撮影したもので、当時〝雑交野人〟は三十三歳、その母も健在であったという。母親は早くに夫を亡くし寡婦を守り通しており、（不覚にも生んでしまった）〝雑交野人〟の件をはずかしく思い、調査隊に対しても詳細を語ろうとはしなかった。

しかし〝雑交野人〟の兄（常人。彼女の長子）が中国野考会員に語ったところによると、その母は〝野人〟によって連れ去られ、〝雑交野人〟を生むにいたったのだという。〝雑交野人〟の母がすでにこの世を去った今、「彼女の存命中は事実を公開せず」という契約も解除された。李女史による最新情報では、当の〝雑交野人〟は今なお健在であるという。中国野考会は現在資金を工面し、さらに研究を進める準備をしており、最終的にはその神秘のベールを剝がしたいとしている。

〝野人〟が人間をさらい、配偶者とする事件は古くからあり、晋代・宋代・清代などに記述が見られる。しかし、諸報道に見られる〝雑交野人〟の例のなかでも筆頭に挙げられるのは、長江上流の三峡・巫山《ふざん》の〝猴娃《ホウワー》〟（サルの子の意）である。その容貌、性質などはサルと酷似していた。残念ながら〝猴娃〟は一九六二年にこの世を去っており、生前のいかなる科学的調査資料も残されてはいない。

人間の女性と〝野人〟のハーフ！　しかも舞台は、やはりかつて謎の未確認動物〝野人〟の調査で世間の耳目を集めた神農架！　日本の某スポーツ新聞の記事ではない。中国の一般紙の社会面に載った「大真面目な」ニュースなのである。同紙は確かにときどき奇想天外な記事を載せることもあるが、この〝雑交野人〟の論調はいたって真剣である。

しかし、これはほんのプロローグにすぎなかった。

追跡報道

『華西都市報』の記事から約一ヶ月後の十一月八日、今度は別の新聞『成都商報』紙上に〝雑交野人〟の文字が躍った。第一面ではないものの、今度は「特別報道」と銘打ち、紙面の半分を占める大きな扱いだ。「奇想天外、真偽つけがたし、〝雑交野人〟論争起こる」との大きな見出しに加え、なんと、先般公開されたという映像資料からのものと思われる〝雑交野人〟本人の写真まで印刷されていた。それは顔を右前方へ向け、両肘を軽く曲げてたたずんでいる裸の〝雑交野人〟のバストショットで、「バナナを持つ〝雑交野人〟」との解説がついていた。不鮮明なのでなんとも判断しかねるが、顔は確かにサルを思わせ、やや猫背なところも、見る者に動物的な印象を与える。私の敬愛してやまない故ジャイアント馬場選手を、十倍くらい野性的にした風貌といったところだ。『成都商報』の記事内容は、〝雑交野人〟の存在に対し、懐疑的なものであった。先の『華西都市報』の報道に対して疑問を持った李立強記者は、真相をあきらかにすべく、十月二十一日に武漢へと赴き、例の報道のなかで中国野考会の責任者だとされている李愛萍女史を探しだし、インタビューを敢行した。李女史が記者に語った内容は、先の報道とほぼ同じであるが、新たに語られた情報をまとめると、以下のとおりである。

・李女史は、以前は〝野人〟に関心はなかったが、一九九五年の父の死をきっかけに遺志を継ぎ、〝野人〟関連の仕事にたずさわるようになった。
・一九九七年の「中国旅遊年」のPRのために、湖北省政府が中国野考会に対し、〝野人〟に関する本・テレビドラマ・画集の制作と、「中国〝野人〟展覧館」の建造を要求した。
・そのため、李女史は一九九六年十二月から父の遺品整理を始め、〝野人〟関連のビデオテープを五、六本発見した。〝雑交野人〟の映像はそのなかにあったものである。
・ある中国野考会員が李女史に語ったところによると、彼は以前、彼女の父である李健氏と一緒にこの映像を見たことがあるが、そのとき李健氏は〝雑交野人〟について、「これは〝野人〟と正常な人間の農婦とのあいだに生まれたハーフである可能性がある」といっていたという。
・李女史は調査を開始し、この映像を撮影した人物に問い合わせたところ、一九八六年の取材当時、〝雑交野人〟は三十三歳、その母は六十歳だったという。

『成都商報』記事（1997 年 11 月 8 日）

撮影者はナニ者なのかという記者の質問に、李女史はトップシークレットとして回答を拒否している。「この生きた個体は健在だが、母は死んでいる」とする根拠について、李女史は、一九九七年五月に某中国野考会員から電報を受け、〝雑交野人〟の正確な居所をつきとめたと答えている。彼女の話に出てくる関係者はすべて匿名であり、記者に対してひとりとしてその名を明かそうとはしなかった。

彼女は、映像中の人物（？）が〝雑交野人〟であると確信できる証拠として、次の三点を挙げている。

①その形態が、目撃証言にある〝野人〟に相似している点。
②その父母は近親結婚ではない（それゆえに奇形の生まれる可能性はない）点。
③その母は長年、寡婦暮らしをしてきたが、失踪の半月後に身ごもっている点。

うーむ。いかがなものだろう？　科学的裏づけに乏しすぎやしないか。①については、まあ、彼の形態の特異性は確かに認められるものの、目撃証言によって作られた、いわば〝野人〟の「イメージ」といったものを無批判に受け入れて、彼と比べるやりかたには賛成できない。②については、この記事を書いた記者もいっていることだが、論拠が提示されていない。李女史は、痴呆症や先祖返りの可能性をもあっさりと否定しているが、本格的な専門家の研究結果も待たずに、なぜそう断言できるのか。③になると、もはや意味不明である。失踪中に〝野人〟と関係を持ったに違いないといいたいのだろうが、仮に失踪が事実だとして、相手が他の一般男性である可能性にはなぜ目をつぶるのか。

記者は〝雑交野人〟本人との接触を求めるが、目下、医学・生物学の専門家の調査・鑑定を優先させており、公表するのはその結果が出てからだ、と李女史に取材拒否されている。記事によると、野考会にもふたつの意見があったようだ。ひとつは、この映像を永遠に秘すべきだとするもの。もうひとつは、外部に公表して科学的考察をおこなおうというものである。結局は後者を選んだわけだが、それにつけても鑑定結果（もし本当にされているとして、だが）を待たずに、〝雑交野人〟をセンセーショナルに喧伝したのは、いささか問題アリ、ではないだろうか。

深まる疑問

『成都商報』の記事は、後半から一気に批判的な姿勢をとっている。記者は、李女史を直接には事の真相を知らない人物であると見なしたうえで、野考会は「湖北省に生きた〝雑交野人〟発見」のニュースを公表するにあたって、事前にきちんとした調査・研究もおこなわず、真贋を確定する証拠もまったく有していない、といいきっている。

記者は野考会制作のビデオCD（以下「VCD」と略、あとで詳述）『神農架〝野人〟探奇』を見て、実際に動いている〝雑交野人〟を観察している。彼によると、内容の大部分は神農架の自然紹介や、〝野人〟調査の歴史についてのものであり、〝雑交野人〟に関する映像は二分前後であるという。ナレーションでは「この〝生きた個体〟は厳密な科学鑑定を受けてはいないが、外見からして、目撃者たちがいうところの〝野人〟の描写にそっくりである」と紹介しているとのこと。また、VCDのパッケージに記載された説明文中には、しっかりと「野考会の隊員が撮影した、〝野人〟と人とのあいだに生まれた〝生きた個体〟の映像も収録」と謳《うた》っているそうである。一方では推測めいた解釈をいっておいて、もう一方では確かに本物であるかのように断言しているが、記者は、この矛盾も厳しく指摘している。

記者はVCDを北京へ持ち帰り、さっそく中国科学院の古人類学者、袁振新《えんしんしん》教授と張振標《ちょうしんひょう》教授を訪問。両教授とも、神農架の〝野人〟調査隊になんども参加経験がある。くだんの映像は、野考会の一員で、「〝野人〟マニア」の異名をとる北京在住の王方辰《おうほうしん》氏によって撮影されたという事実が、袁教授の証言で判明。取材当時、〝雑交野人〟の家族は頑なに撮影を拒んでいたが、王氏のねばりに負け、他言無用・研究資料としてのみの使用を条件に、撮影を許可したらしい。しかし、彼の母が〝野人〟にさらわれて云々、というのはすべて村民のあいだで語られている伝説にすぎないと、袁教授はバッサリ。いわく、彼の家族は〝野人〟について言及したことすらないとのこと。

撮影された映像は、李健氏・袁教授ら数名の専門家のもとに送られ、長らく極秘とされていたようである。映像中の彼の生存については、袁教授・王氏ともに現在のところ把握しておらず、いわんや、李健氏の遺品や袁教授を情報ソースにしている李女史が知り得るはずはない、といいきる。撮影場所についても、最近李女史から王氏に問い合わせの電話があったばかりであるとのことだった。

袁教授、張教授ともに、未発見の高等霊長類の存在の可能性を主張しているものの、新聞をにぎわせている〝雑交野人〟については否定的だ。張教授は、〝雑交野人〟の映像中の人物を「一種の病態である」と見なす。いわく、これは脳下垂体肥大症であり、頭骨が変形し、四肢も健常者の二倍になっているとのこと。さらに甲状腺機能の異常から、痴呆症を引き起こし、言語障害を生じさせていると推測。サルに似た形態についても、一種の奇形であり、現代人類にも充分ありうると断言している。映像のなかで衣服をまとっていないことについても、新陳代謝をよくするためであり、幼いころから裸だったため、習慣化したものだろう、と張教授は述べている。遺伝学からアプローチしても、人類と〝野人〟の合いの子が生まれる可能性はないと切り捨てる。

そもそもくだんの映像は、専門家の分析を経て、〝雑交野人〟である可能性は低いという結論に達していたらしい。同様のケースは長年の調査中になんどもあり、心身障害児が生まれると、その母と〝野人〟とのあいだにできた子供に違いないと、口さがない共同体内の人々にうわさされるのだという。いずれも根拠のないデマである。本記事の記者が意見を求めた法医学者や動物学者も、くだんの〝雑交野人〟の映像を眉唾ものとしてとらえている。

いずれにせよ、李愛萍女史による一連の「情報」に信憑性はなく、「〝野人〟との混血児」というのも限りなく疑わしいようだ。

一連の〝雑交野人〟発見のニュースと、一九九七年十月一日（中国の建国記念日である国慶節の日）に市販されたVCD『神農架〝野人〟探奇』とは密接な関係があるのではないかと記者は推測し、今回の報道には、〝野人〟を観光の呼び物にしようとするおもわくが読みとれると結論づけている。〝野人〟そのものの存在を否定するものではないが、科学的裏づけに乏しい〝雑交野人〟報道には厳しい姿勢をとっているのであった。

伝説中の山の怪物

ところで、私がこの〝雑交野人〟報道に心ひかれた理由は、それが中国の古い伝説中に散見される「女性をさらい、子供を生ませるサル」のモチーフを備えていた点にある。この種のいい伝えで、文献に見える最古のものは、おそらく後漢の焦延寿《しょうえんじゅ》『易林《えきりん》』に見える一節であろう。そこでは山に住む大玃《だいかく》という怪物が、自分の妻をさらっていった、と語られている。

では大玃とは何か。明代に編まれた博物学の書『本草綱目《ほんぞうこうもく》』で、著者の李時珍《りじんちん》は玃《かく》について「老《ろう》猴《こう》である」と解説している。なんでも蜀《しょく》（現在の四川省のあたり）の山のなかにオスばかりで住み、サルの姿で、二足歩行をする大きな怪物であるらしい。こいつの得意技は「人間の女性をさらい、配偶者にして子供を生ませること」というから、実に不届きなヤツである。とにかく、人間をさらって配偶者にするサル型の怪物ばなしの原型、現代の〝野人〟伝説のプロトタイプをここに見ることができる。

異類との結婚の結果として生まれる〝混血児〟についての記述は、東晋《とうしん》の干宝《かんぽう》『捜神記《そうじんき》』に載せる話が有名である。こちらも舞台は蜀の西南部の高い山のなかだ。サルに似た、しかも人間のように歩ける怪物の話である。名前は猳国《かこく》あるいは馬化《ばか》、または玃猨《かくえん》などと呼ばれ、通りすがりの人間の美女ばかりを山中にさらっては配偶者とし、子供を生ませるという。子を生まぬものは一生帰してもらえないが、生んだものは抱きかかえて家まで送り届けてくれるという。子供は成長すると人間となんの変わりもなく、みな楊《よう》姓を名乗る。蜀の西南部に楊姓の者が多いのはこのためであるという。同様の話は、西晋《せいしん》の張華《ちょうか》『博物志《はくぶつし》』にも見える。どちらも『易林』に見える大玃の流れをくみ、そのディテールも詳細になっている。

これらの記述に着想を得て、小説作品に昇華させたものに唐代伝奇小説『補江総白猿伝《ほこうそうはくえんでん》』がある。そこでは、実在の人物である欧陽紇《おうようこつ》が白猿の怪物を退治し、さらわれた妻を奪還するのだが、妻はすでに白猿の子を身ごもっていた、というストーリーになっている。以後、混血児の出産というモチーフは消えていくが、女性をさらって妻にするという同様のプロットを受け継ぐ作品は、明代や清代に数多く作られている。

なお、文学作品のなかでは失われていった「混血児の出産」モチーフは、昔話のレベルで「猴娃《こうあい》娘《じょう》説話」のなかに残り、現在まで伝わっている。これはこんにちでも比較的ポピュラーな物語である。とすると、今回、中国の都市部を駆けめぐった〃雑交野人〃報道も、現代社会に今なお残る昔話の変形なのだろうか？　舞台は、中国でも一般の人はあまり足を踏み入れぬ秘境、神農架。容易には行けぬがゆえに、想像が広がる。

〃雑交野人〃と呼ばれているカレの正体やいかに？

2　探検隊結成

「帰去来」での出会い

私が住んでいた四川大学の留学生寮の近くに、ちょっとした青物市場があり、そこにうまい麺《めん》を食わせる店があった。店の名は「帰去来《ききょらい》」。テーブルは三つ。それほど広くはない空間に、昼どきともなればひと仕事おえた市場の物売りたちや、授業帰りの留学生たちでごった返す。箸《はし》の上げ下げに気をつけないと、お隣さんとゴッツンコである。麺の種類はいくつかあるが、清湯炸醤麺《チンタンジャージャンメン》が日本のうどんの風味に近く、私の定番注文メニューとなっていた。しまいにはなにもいわなくても、私が席に着いただけでその清湯炸醤麺と紅油餃子《ホンヨウジャオヅ》（唐辛子たっぷりの辛いギョーザ）がドンッ、と目の前に置かれるようになったほどである。

一九九七年の暮れも押し迫ったころだった。留学時代後期には毎日通うようになる「帰去来」で

我々が運命的な出会いをした「帰去来」

あるが、当時の私には、ほかに行きつけのチャーハン屋があり、その日の昼もそちらに行くつもりであった。しかし連れの友人が、たまには麺でもというので、「帰去来」の今にもこわれそうなテーブルについたというわけである。我々のほかには市場の中国人たち、それから——顔見知り程度の——数人の日本人留学生の姿があった。

麺をすすり始めた私の背中越しに、日本語で「野人」という単語が聞こえてきた。驚いて振り向いた私は、その会話の内容から、彼らもまた例の新聞記事を目撃し、非常に興味を抱いているのだということを知った。四人の日本人留学生の名はイノウエさん・スギウラさん・ウメキさん・サイトーさん。いずれ劣らぬ旅行好きの青年であった。

「帰去来」の麺を茹でる大釜から立ち上る湯気の向こうに、神農架に立ちこめる深い霧を見たような気がした。縁というのはおもしろいものだ。ほどなくして、彼らとは〝野人〟の話題で大いに盛り上がることとなった。
とにかく現場へ行ってみたい。私を突き動かしているのは学術的欲求でもなく、ミーハーな野次馬根性とも違っていた。「〝野人〟の棲む土地」として、子供のころから聞きおよんでいた、あの神農架に、この足で立ってみたいという、無邪気な思いだけであった。――動かなければ。一刻も早くその地を訪れて情報を集めたかった。

ビデオCD入手

明けて一九九八年元旦。私は昼間のうち成都市内の本屋めぐりをし、軽い夕食をすませた後、大学近くの商店街をのぞきながらの散歩と決め込んだ。そして、なんの気なしにフラリと立ち寄ったCD屋にソレはあった。

――『神農架〝野人〟探奇』！

くだんの新聞記事でも取り上げられていた、あのVCDである。中国野考会と武漢大学音像出版社との共同制作。定価は四十八元とあるが、店ではディスカウントして三十五元の値札をつけていた。嬉々としてレジに向かった私は、偶然にもスギウラさん・ウメキさん・サイトーさんらとバッ

劉民壮著『中国神農架』

タリ。彼らも当然、そのVCDを購入したのであった。

店の主人はあまりの売れ行きに勘違いしたらしく、その後も〝野人〟VCDを大量入荷して店頭に並べたようだが、この日以上のセールスを記録することはなかったとか……。

彼らと本格的に神農架旅行について話し合ったのが、一月六日。そのときは旅行中で不在だったイノウエさん（当時最年長の二十八歳）を隊長に、四月前後をめどに計画が練られることになった。大陸の僻地ばかりへ赴き、なんども破天荒かつ愉快なサバイバル旅行を実行している彼らの経験にもとづき、ルートや滞在日数、携帯用具などが検討されていく。神農架に関する情報は極めて少ない。宿泊施設や交通の便など、実際に行かねばわからないことだらけだ。

そんななか、寮の友人が書店で見つけて買っておいてくれた『中国神農架』（劉民壮著、文匯出版社、一九九三）なる本は、非常に有用であった。上海にある華東師範大学の生物学部助教授（執筆当時）だった著者の劉民壮氏は、中国野考会の執行主席を務めたことがあり、上海応用人類学会副理事長・上海人類学会理事でもあり、さらには中国人類学会・中国植物学会・中国自然弁証法研究会の会員（肩書きはすべて執筆当時）でもあるという。調査のため、なんどもかの地を訪れた著者による『中国神農架』は、その自然環境・植物相・動物相の紹介に詳細を極め、七〇〇ページ近い本文のうち、第八章として「神農架〝野人〟の謎」と題する一章を設け、五〇ページにわたり、〝野人〟研究の歴史、目撃例、発見された足跡や毛髪・糞便の科学的鑑定結果などを掲載している。

この本を参考に計画を立てていくうち、我々の顔はシリアスになっていかざるをえなかった。金糸猴《きんしこう》やアルビノ（生まれつきの色素欠乏による白子）による白色動物が多い、というのはまだいい。神秘的なムードで我々のロマンをかきたてる。問題は——そう、猛獣の存在である。同書によれば、神農架山中には華南虎や毒蛇が棲息しているらしいのだ。当初、〝野人〟捜索のためなら野宿も辞さないと鼻息荒かった隊員たちも、徐々にトーンダウンしていく。

神農架という土地

我々の不安はつのるばかりだが、とりあえず、〝野人〟騒動の舞台となった神農架という土地について、具体的に、かつ簡単に述べておく必要があるだろう。前出の劉民壮『中国神農架』や、後日買い求めた朱兆泉《しゅちょうせん》・宋朝枢《そうちょうすう》主編『神農架自然保護区科学考察集』（中国林業出版社、一九九九）など、当地の歴史を詳しく載せる書籍によると、およそ以下のようである。

行政区としての神農架林区は、一九七〇年に国務院の批准を経て成立する。湖北省の西部に位置

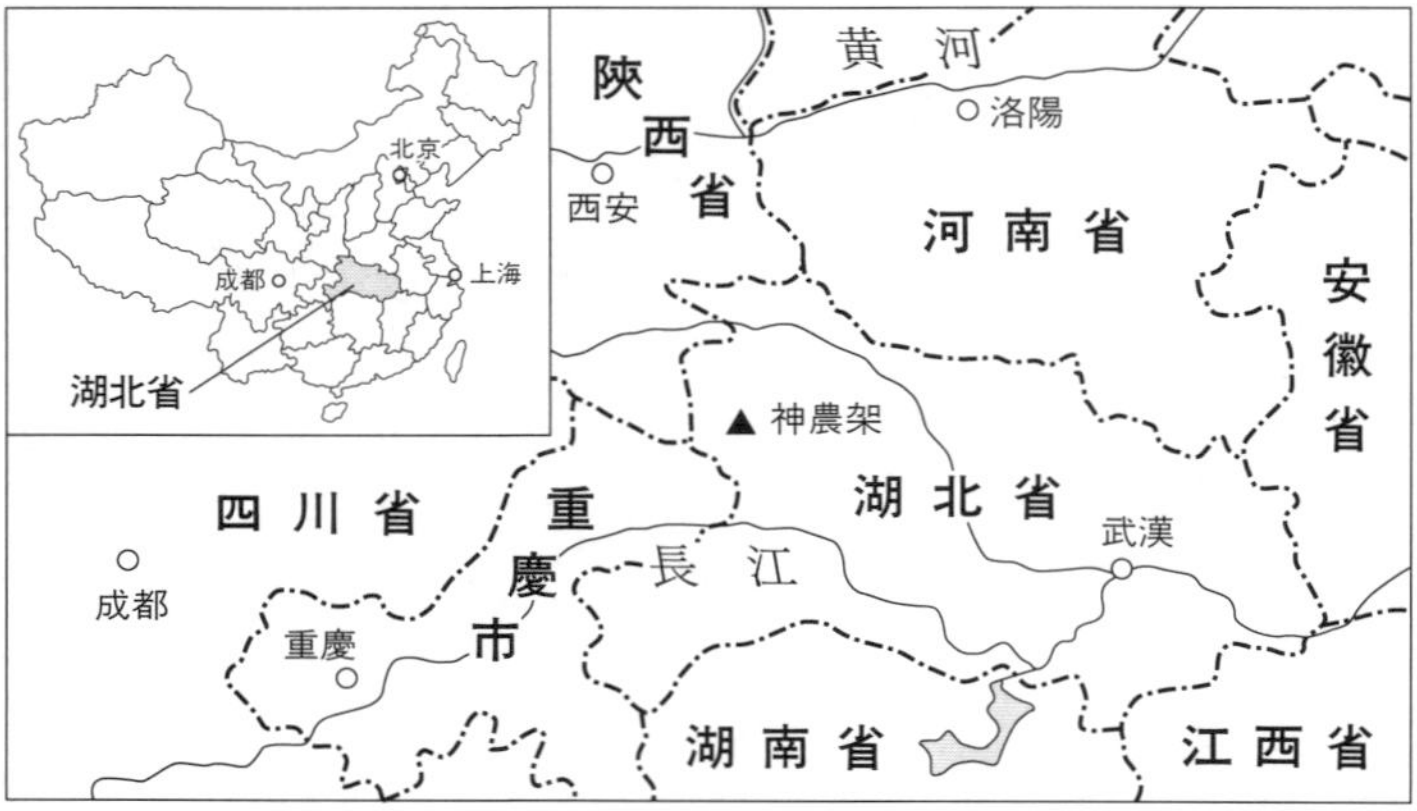

し、東は襄樊《じょうはん》市、西は重慶《じゅうけい》市と接しており、南側は長江の名勝三峡に通じ、北は武当山を望む。三つの鎮《ちん》（松柏《しょうはく》鎮・木魚《もくぎょ》鎮・陽日《ようじつ》鎮）と十二の郷《ごう》からなっており、行政の中心地・松柏鎮には人民政府が置かれている。三〇〇〇メートル級の山々がそびえる南側一帯は、国家級の自然保護区に指定されている。総面積三二五〇平方キロメートル。総人口は七万九〇〇〇人（一九九七年現在）。神農架という地名は、神話上の皇帝神農《しんのう》氏（炎帝《えんてい》）が、この地で百薬の味見をおこなったさい、あまりにも急で険しい地形のため、はしごを架けたという伝説に由来しているという。

　そもそも当地の開発の歴史は、一九五九年に神農架開発指揮部が組織されたときに始まる。それまでは人煙まれな原生林地帯だった土地に、およそ八年の歳月をかけて道を切り開き、車道が通じたのは実に一九六六年のことであった。木材などの資源を豊富な原生林に求める人々が流入し、神農架は当初林業で栄えたようである。

3　ビデオCD『神農架〝野人〟探奇』

VCDとは？

VCD、という名称は日本では馴染みがないかもしれない。見たところ普通の音楽CDサイズの大きさで、最大七十分あまりの映像情報が記録可能なメディアである。日本では最近、高画質・高音質で記録容量も大きいDVDが大人気だが、VCDは、普通のビデオ画像よりも若干画質が落ちるものの、廉価で手に入る映像メディアだと思ってもらえればよい。ちょうど私の留学開始の時期（一九九七年）から爆発的に普及し始め、VCDプレーヤーの価格も当初日本円で三、四万円ほどしたものが、その後まもなく一万円前後にまで下降。これは中国国内で九百もあるといわれるメーカーの販売競争の結果らしい。都市部の中流家庭はいうにおよばず、都市近郊の農村のリビングルームにも入り込んでいる。いまや、どんな田舎へ行ってもそのレンタル店を目にすることができる。

成都・四川大学近くのVCDショップ

ソフト面も充実しており、中国・外国の最新の映画、カラオケ用ミュージックビデオから、京劇などの伝統演劇、紀行もの、語学教材にいたるまで多岐にわたっており、特に一九九七年には、映画館は安くて手軽なＶＣＤのために興行的に打撃を受けたといわれている。同年末に発行された大陸の雑誌『新週刊』総三十一期号（広東省新聞出版社、一九九七）では、その年の「十大ヒット商品」「十大経済ニュース」のなかに、このＶＣＤと、そのフィーバーぶりを入れているほどである。

正規版ソフトは、だいたい日本円で千円前後で発売されているが、街頭で売られているのは、おもに海賊版であり、日本円で一枚百円ほどである。北京や上海などの沿岸部の大都市ではだいぶ規制されてきたと聞くが、内陸も内陸、ここ成都市では、立派な店構えのＣＤショップに海賊版が堂々とならべられていたりする。

ＶＣＤという新たな情報メディアが、一般中国人家庭にもたらした影響は計り知れないだろう。規制のうるさい中国国内のテレビ番組にくらべ、はるかに柔軟で雑多で珍奇な情報を提供してくれるのだから。また、それゆえ受け手たる我々も、垂れ流される情報の真偽を吟味する眼を養う必要があるのだが……。

VCD『神農架〝野人〟探奇』ジャケット写真

パッケージの紹介文

私が購入した『神農架〝野人〟探奇』も、かなりイロモノの部類に入る一品だろう。パッケージには神農架の山々、森林などの写真のコラージュが印刷され、さらにいわゆる〝雑交野人〟の写真が二体（バストアップとロングショットの全身像）組み込まれている。裏面の紹介文はこうだ。

『神農架〝野人〟探奇』は中国〝野人〟

科学調査の、二十年あまりにおよぶ内幕を忠実に記録したものです。多くの〝野人〟目撃者のインタビュー映像や、〝野人〟の足跡・毛髪・ねぐらなどの物的証拠や、その科学的鑑定も収録。また野考会員が撮影した〝野人〟と人間とのあいだに生まれたという〝生きた個体〟の映像も収め、さらにそれとアメリカのビッグフット、四大類人猿の特徴とを比較しています。数多くの資料や映像はどれも世界初公開であり、たいへん貴重なものです。

本作品は、神農架原生林の奇異な風景、動植物資源や観光スポットも紹介しています。多くの人々、特に青少年のみなさんに向け、人類進化の歴史等の科学知識を普及・宣伝する生き生きとした教材であり、科学的・冒険的側面だけでなく、知的で娯楽的な面も備えています。

当時VCDプレーヤーを持っていなかった私は、友人のパソコンを借り、このソフトを再生して見た。以下、簡単にその構成を追ってみることにしよう。

内容と構成

トータル五十八分二十八秒のうち、はじめの十二分あまりは神農架の自然・風景区・動植物の紹介で占められ、さながら当地のプロモーションビデオである。と、〝野人〟の想像図に合成の鳴き声がかぶり、それをきっかけに、七〇年代後半から八〇年代にかけて盛んにおこなわれた中国〝野人〟調査の歴史がひもとかれていく。以下、〝野人〟の目撃者の顔写真が、本人の肩書きと証言のキャプション入りで延々と紹介される。その数二十件あまり。日時や場所が明記されていないケースもあり、目撃状況に触れていないものも多い。とにかく、こんなにたくさんの人間が見ているのだぞ、ということをアピールしているわけである。

〝野人〟目撃者・袁裕豪氏。彼をはじめ、しばらくは目撃者たちの静止画像のオンパレード（VCD『神農架〝野人〟探奇』より）

興味深いインタビューもあるのだが、今はひとまずおいて、全体の流れを追うことにしよう。

*

二十五分、北京原人・ネアンデルタール人の復元図、アメリカのビッグフットの写真（真偽は不明）と、目撃証言から作成した〝野人〟想像図との比較がなされる。これといった結論はなし。

二十八分、一九六二年に四川省巫山で死亡した〝猴娃《ホウワー》〟も紹介される。人間の母と〝野人〟の父とのあいだに生まれたといういい伝えとともに、である。享年二十二歳。身長一・四メートルだったという。一種の奇形と見受けられる。

〝雑交野人〟、走る！（VCD『神農架〝野人〟探奇』より）

三十七分、発見された〝野人〟のものといわれる毛髪と、ゴリラ・オランウータン・オナガザル・ツキノワグマ・スマトラレイヨウ・チンパンジー・ヒグマ・人の毛髪などとの比較がなされる。中国科学院古脊椎動物・古人類研究所による鑑定結果も紹介され、他の動物とは異なる物であることが証明される。

四十分、神農架在住の野考会会員である袁裕豪《えんゆうごう》氏がインタビューに答え、数度の調査の結果発見した足跡や毛髪について、そのときの状況を説明する。袁氏は実際に〝野人〟を目撃した経験もあるらしく、当時のようすも証言。

＊

そしてクライマックスは四十二分に訪れる。〝野人〟にさらわれた婦女がその二世を生んだといい伝えられていることについて触れ、実際の

バナナをほおばる〝雑交野人〟（VCD『神農架〝野人〟探奇』より）

〝雑交野人〟の姿がロングショットのスチール画像であらわれる。農家風の民家の前に立ち、遠目でこちらをうかがっている。切り替わると、今度はアップの全身像。やや前傾姿勢でこちらに走り寄ろうとしている。衣服は身にまとわず、ひょろ長い手足が印象的だ。つづいて、手を前に組み、たたずんでいる写真。中腰で座ろうとしている写真。これらが繰り返し流される。この〝雑交野人〟は厳正な科学調査を経てはいないが、外見上、〝野人〟そっくりである、とナレーションが入る。と、それまで静止画像だった〝雑交野人〟が躍動し始める。畑のあぜ道を、前をブラブラさせながらヒョコヒョコカメラに向かって走ってくる。顔には笑みを浮かべているように見え、右手にはバナナを持っている。立ち止まってそれをムシャムシャやる〝雑交野人〟。

そこでナレーター氏は、彼の頭骨の鋭角的特徴に言及し、「アメリカのビッグフットを彷彿とさせる」というやいなや、映像ははるか海を越え、ロッキー山脈へ飛ぶ。動くビッグフットの映像として知られる八ミリフィルムが唐突に紹介され、「この頭部も鋭角的である」などとつづける。一九七〇年にふたりのアメリカ人によって撮影されたというこの映像のほか、別所で撮られたビッグフットの映像も紹介されるが、地面でゴロゴロ横になったり、手足とも左右平行にしたまま四つんばいになり、尺取り虫の要領で前進するなど、まことにもって〝怪しげ〟で奇天烈《きてれつ》な動きをする。ビッグフットの映像なら、一九六七年にカリフォルニアのブラフ・クリークの森で、カウボーイのロジャー・パターソンとその友人が撮影したとされるフィルム（マニアには「パターソン・フィルム」の名で知られている）が有名であるが、本作品で使用されているフィルムの出典については不明。

＊

四十五分、ゴリラ・チンパンジーの生態が紹介される。これらのサルたちは四足歩行だが、〝野人〟は二足歩行である点が特色である、とのナレーション。

五十分の段階で、一応の結論めいたものが出される。いわく、「〝野人〟はクマ類ともサル（モンキー）の類とも、またオランウータン（エイプ・類人猿）の仲間とも異なる。オランウータンよりも高等だが、現代人類よりも下等な高等霊長類である。それは大型南方古猿の子孫なのである」とのこと。

以下、〝暴走〞が始まる。世界各地の、いわゆる突然変異の多毛人たち、狼に育てられたとされる少女の写真などを紹介し、「これは〝野人〞ではない」と説明。南米やアフリカ、パプアニューギニアなどの密林に住む原住民たちの生活や奇習を、四分間にわたってこれでもかと紹介し、あげく、ごていねいに「彼らはみな〝野人〞ではない」と総括。五十四分すぎ、ふたたび〝雑交野人〞の映像があらわれる。

「〝野人〞の写真はいまだ撮られてはいないが、我々は〝野人〞と人間とのハーフを撮影することができた」と、ナレーションは誇らしげである。

〝野人〞を探し、神農架で山中暮らしをつづける〝野人〞マニア
（VCD『神農架〝野人〞探奇』より）

＊

最後に、現在も神農架において第一線で調査をつづけているという〝野人〞マニアなる人物が紹介される。一九九四年、四十歳で神農架の山中に

入り、以来ずっとそこで生活している彼は、何ヶ月も風呂にも入らず観察をつづけ、女〝野人〟の夫になることも厭《いと》わないといっているそうである。ヒゲモジャにざんばら髪。画面では、山のなかでたったひとり〝野人〟を捜索している彼の写真が紹介される。春節（中国の旧正月）も孤独に自炊したり、〝野人〟関連の書をひたすら読んですごす彼のようすは、実に哀愁に満ちている。一番新しい彼の収穫は、一九九七年五月二十四日に三十個あまり発見した足跡だそうで、その写真も紹介される。この発見を伝えるニュースは地元の新聞でも報道されたようだ。

さらに気になる一枚が映し出される。ログハウス風の建物の前でたたずむ〝野人〟マニア氏。その建物の入り口に書かれた文字。

――「神農架〝野人〟夢園」!?

わっ、なんだそりゃ？

ナレーションは私に考えるスキを与えず、締めのことばに入る。

いわく、神農架の原生林は中国東部最大であり、国家級の自然保護区である。〝野人〟はすでに、神農架にとって重要な観光資源となっている――。

夕陽をバックにエンドロール。製作総指揮・原稿作成・脚色も監督も、例の李愛萍女史である。

発行は一九九七年八月とクレジットされていた。

流出していた〝雑交野人〟映像

決してほめられた編集とはいいがたい。真偽のはっきりしない〝雑交野人〟の映像をメインに据え、その形態を外見のみから判断して、〝野人〟に似ているだの、偽物との声も多いビッグフットの映像を無批判に流用し、頭部が類似しているだの、見る者をミスリードしかねない内容である。そもそも撮影の段階で、全裸のカレにバナナを食わせるなどの作為的演出をすること自体悪趣味だ。〝野人〟との比較にゴリラやチンパンジーを持ってくるのはまだいいとして、未開地域の原住民を引き合いに出すにいたっては、なにをかいわんやである。まあ、未開人への蔑称としても使用される中国語の「野人《イエレン》」という単語の性格を考えれば、それはそれで興味深いのではあるが。

加えて、その〝雑交野人〟の映像は「世界初公開」などではなかったのだ。これは私を含め、数人の日本人留学生によって証明された。一九九六年三月三日にテレビ朝日で放送された特別番組『スーパーサンデー「雪男大捜索」』のなかで、ヒマラヤの雪男・アメリカのビッグフット・ミネソタのアイスマンなどとともに、神農架の〝野人〟についても触れられ、そのなかで「中国のテレビ局が放送した、洞窟に住む野人」として、〝雑交野人〟がバナナを食べている映像が紹介されたのだった。「これが〝野人〟といわれるモノなのでしょうか?」との懐疑的なコメントつきである。

それ以前にも、日本の別の某バラエティー番組内で同じ映像が使われていた、という意見が少なからずあがった。〝雑交野人〟が走るシーンで、大事なところにモザイクがかかったかどうかについては、意見が分かれたが……。こちらは私自身未見であるのでなんともいえないが、世界各地のおもしろい番組をそのまま流用して紹介するその番組の性格から考えるに、中国の国内放送からの借用であろう。国営のテレビ放送である中央電視台で近年、〝野人〟についての番組を見たことがある、という中国人の友人複数からの証言もあり、察するにそこで〝雑交野人〟の映像も使われたものと思われる。これはあとになって知ったことだが、さくらももこ氏のエッセイ『そういうふうにできている』(新潮社、一九九五)でも、著者が〝雑交野人〟の登場する番組を見たエピソードがイラスト入りで紹介されており、少なくとも一九九五年以前に、この映像は日本にも出回っていたといえよう。

とまれ、問題は多いものの、〝野人〟調査の歴史や資料を、一般人が気軽に繰り返し鑑賞できるVCDという媒体を使って世に出したことは、画期的な出来事である。

ますます興味がわいてきた。

神農架でなにかが起こっている。

なぜ今、〝野人〟なのだ?

4 あるファミリーの〝野人〟ライフ

報道された珍事件

神農架への〝野人〟捜索旅行は、一九九八年四月に決定した。イノウエ隊長をはじめ、スギウラ隊員・ウメキ隊員・サイトー隊員とともに、着々と準備を進める。

そんななか、ひとりの留学生仲間が、ある日本語新聞の記事を提供してくれた。一九九八年三月二十四日付の『チャイニーズドラゴン』紙で、見出しにはこうある。

「湖北省神農架で十三年間」
「男児欲しさに野人生活」
「計画出産政策から逃避」

「掘っ立て小屋で自給自足の生活」
「九三年に〝成就〟し下山」

記事によれば、重慶市郊外の農家出身の男が、結婚して二児をもうけたが、いずれも女の子。男児が欲しかった夫婦は、計画出産政策を始めた現地政府の目を逃れて子作りに専念するため、一九八〇年から、妻の実家に近い神農架山中に小屋を建てて生活を始める。夫が山で伐採した木材を町の市場で売るなどして生計を立て、木の実や野生動物を糧としていた。ところが、そうまでして生んだ子供は九人目まですべて女の子。一九九一年に待望の男児が生まれたものの、妻はすでにノイローゼ状態。長女は十五歳になっていたが、学校に行ったことがないため読み書きはできず、会話能力も低かった。男は妻子のことを案じ、家族全員一九九三年に下山。政策違反の処分も免除され、今では一家十二人は元気に暮らしているが、夫だけは山中生活が気に入ったらしく、今でも基本的には山のなかで暮らしている――という。

まさに「山の人生」がここにある。彼らこそ〝野人〟の称号を得るにふさわしいかもしれない。彼らが神農架山中に入り、〝野人〟化（?）したのが一九八〇年であることも興味深い。実にその年、〝野人〟報道が国内外で花盛りとなり、中国科学院などが組織する国家レベルの調査隊が神農架へ送り込まれたのである。

(15)　1998年(平成10年)3月24日(火曜日)　CHINESE DRAC

湖北省神農架で13年間

男児欲しさに野人生活

計画出産政策から逃避

掘っ立て小屋で自給自足の生活

93年に〝成就〟し下山

内陸部・湖北省北西部の秘境として知られる神農架地区で、計画出産政策に従うことを嫌がり、一九八〇年以来十三年間も同区の山中に潜伏していた家族があったことが、現地紙などの報道で明らかになった。その後、平地に戻ったが、主人は今でも山中に住んでいるという。

〝名実ともに野人と呼ぶべき一家〟と現地で評判を呼んでいるこの一家の主人、向培登さんは、重慶市郊外の農家の出身で、神農架に近い房山県の工事現場で日雇い労働をしていた一九七六年に、地元の農家の娘と知り合い、結婚。二人は向さんの実家で暮らし始めた。

まもなく子供が生まれたが、二人が望んだ男児ではなかったので、もう一人産むことにした。だが一九八〇年に産まれた二人目の子供も女児だった。

男児の誕生を望んでもう一人産みたいと考えた二人だったが、ちょうどその頃から、現地政府が計画出産制度を導入し始めた。農村部であるそこでは、子供は二人までしかもうけてはいけないことになり、すでに子供が二人いる婦人には避妊手術が義務付けられた。

だが、向さんたちは子供が産めなくなるのを嫌がり、妻の実家に近い神農架の山の中に掘っ立て小屋を作り、そこで暮らし始めた。

生計はごくたまに向さんが伐採した木を町で売りさばくほかは、木の実を取ったり、野生動物を捕まえたりの自給自足。服もうさぎなどの動物の皮であつらえた。ある時は毒きのこを食べて全員食中毒になり、またある時は嵐に合い貯蔵していた食物全てを失なうということもあった。さらに、家が虎に襲われることがしばしばあり、ある時などは次女が襲われて瀕死の重傷を負った。

避妊手術を回避するだけのために、なぜこんなことまでしなければならないのか、と日本人のたいていは思うだろうし、現地でもこのようなケースはいまだかつてなかった。だが、中国の農村では概して伝統的な男児願望が根強く残っており、男児がいないことに強い倫理的ひけ目を感じる傾向が強く、その意味では、日本人が考えるほどには不思議な選択ではないのかもしれない。

ただし、男児をもうけたいがために山ごもりをした一家だったが、待望の男児はなかなか誕生しなかった。妻は山中で次々と出産したが、女児ばかり。結局九人目の子供までが全員女の子で、一九九一年秋にようやく初めての男児が誕生した時には、妻は男児が産まれない無念さと十年以上の山中生活の心労で、ノイローゼに陥っていた。

その時点で長女はすでに十五歳になっていたが、学校に行ったこともなく、家族以外の人と話したこともなく、読み書きはおろか、会話力も幼稚園並みしかなかった。妻のノイローゼも悪化するばかりで、向さんはついに下山を決意。一九九三年に妻の実家に戻った。

十人も子供をもうけたことについて、現地の計画出産当局は、山中生活で政策違反のつぐないは十分に果たしたと考えたのか、特に処分は下していない。その後、一家十二人は元気に暮らし、娘たちも学校に通うようになっているという。ただし主人の向さんだけは、山中生活がよほど気に入ったのか、今でも基本的には山の中に住んでいて、木を売る時などごくたまに家に帰るだけだそうだ。

〝野人〟出没のうわさが絶えない秘境・神農架地区

『チャイニーズドラゴン』記事（1998年3月24日）

神農架〝野人〟調査隊の記録

神農架での〝野人〟目撃報告が相次ぐのは七〇年代。以下、一般に〝野人〟調査の歴史として語られているものを、ざっと紹介しておこう。なお、以下の記述は前掲書、劉民壮『中国神農架』をおもに参照した。

一九七六年九月二十三日に、中国科学院が派遣した〝野人〟調査隊が、神農架林区に近い房《ぼう》県にて結成された。初の国家レベルの調査隊である。湖北省委員会などのバックアップを受け、「鄂《がく》（＝湖北省）西北奇異動物考察事務局」が房県に設置された。二十六日には房県の橋上《きょうじょう》に基地を設置、三つの班に分かれ、山中に入った。調査隊には、古人類学研究所の袁振新《えんしんしん》・黄万《こうばん》波《は》、鄖陽《うんよう》地区委員会宣伝部の李健はじめ、武漢地質学院・北京自然博物館・北京科学教育映画制作所などの専門スタッフが参加し、計二十七名が調査隊として活動している。十月末にまとめた調査結果によると、この一帯で〝野人〟の目撃者は一六〇余人、五十四件あり、のべ六十二頭が出現していたという。

一九七六年秋の二ヶ月間におよぶ調査終了後、翌年にもう一度大規模な調査隊を組織することが決定する。一九七七年一月下旬、武漢市の勝利飯店にて予備会議が開催され、三月十八日には房県に一一〇名もの参加者が集結した。武漢軍区の王高昇《おうこうしょう》副師長が調査隊の総指揮を執り、偵察小隊五十六人が調査に参加した。そのほかに、古人類研究所から九人、北京自然博物館からふたり、北京科学教育映画制作所から四人、上海自然科学博物館からふたり、上海西郊公園から三人、上海師範大学からふたり、陝西《せんせい》生物資源調査隊から三人、四川省宝興《ほうこう》県林業局から猟師ふたり（それに優秀な猟犬）、湖北省博物館からひとり、武漢大学から三人、武漢動物園からひとり、武漢地質学院から三人、鄖陽地区からひとり、神農架林区から六人、房県から十二人が加わった。実地調査隊長には古人類研究所業務所長の鄭海航《ていかいこう》が任命され、黄万波・袁振新らが副隊長を務めた。科学調査資料班は周国興《しゅうこくこう》班長・梁柱《りょうちゅう》副班長のもと、劉民壮・徐永慶《じょえいけい》らによって組織された。入山前には、実弾や麻酔弾の射撃訓練もおこなわれたというから、かなりものものしい調査隊であったことがわか

神農架で活動する〝野人〞調査隊（VCD『神農架〝野人〞探奇』より）

る。

　一九七七年のこの調査中も、リアルタイムで〝野人〞の目撃報告が寄せられた。また、それらしき足跡・毛髪などは採取したものの、調査隊員のなかで〝野人〞を直接見た者は、ついぞあらわれなかった。おもに神農架の自然環境の調査が重点的におこなわれ、〝野人〞のような高等霊長類が生存できる環境にあるかどうかの確認作業がなされたようである。

　この最大規模の〝野人〞調査ののち、二年間、国家レベルの調査隊は一時休止する。しかし、個人レベルでの調査は続行され、前出の華東師範大学生物学部助教授の劉民壮や、神農架林区の袁裕《えんゆう》豪《ごう》（小龍潭《しょうりゅうたん》地区の林業隊勤務）ら有志七名が調査隊を結成。それぞれ県などの資金援助を受け、神農架およびその周辺一帯の調査をおこなっている。劉民壮はまた、一九七九年八月、〝野人〟と人間女性とのハーフといわれる人物（例のＶＣＤでも紹介されていた〝猴娃《ホウワー》〟）の遺骨を調査している。

一九八〇年五月、中国科学院が送り込む国家レベルの調査隊が結成される。神農架林区主任の杜《と》永林《えいりん》を調査隊長、前出の黄万波・袁振新・劉民壮・中国科学院武漢分院の李世成《りせいせい》を副隊長とする計二十八人に、現地の労働者や農民などが協力する形で調査活動にあたった。今回、〝野人〟の捕獲には十万元の懸賞金がかけられた。大量の足跡や、〝野人〟のねぐらと思われる竹で編んだ「すみか」を発見したが、実物の捕獲はされなかった。

この一九八〇年は、その実地調査活動もさることながら、内外へ向けた〝野人〟報道が盛り上がりを見せた年であった。前掲『中国神農架』によれば、この年、大陸の『人民日報』『光明日報』『文匯報《ぶんわいほう》』『解放日報』『湖北日報』『長江日報』、香港の『文匯報』『大公報』、日本の『朝日新聞』、それにイギリスやアメリカの新聞も、この神農架〝野人〟捜索の報道をおこなったとしている。また、日本のフジテレビや、京都大学の教授が神農架を訪れたとも記している。

いざ出発

当時、異様なまでに注目を浴びていたその神農架の山中へ、なぜ前述の重慶出身の男は逃げ込んだのだろう？　国を挙げての調査がおこなわれ、山中でも虱潰《しらみつぶ》しに〝野人〟捜索がおこなわれて

出発直前の我ら五名の探検隊。前列左から、座っているのがサイトー隊員、中央がウメキ隊員、右端が筆者。後列左から、スギウラ隊員、イノウエ隊長。四川大学留学生寮前で

いるなか、「現地政府の目を逃れるため」に神農架入りしたというなら、いかにもマヌケな話ではないか。彼は〝野人〟報道を知らなかったのだろうか？　実に不可解である。結果的には見つからずにすんだものの……。

そして、彼の一家十二人が〝野人〟生活をやめ、下山したのは一九九三年。

ん!?　私は、はっと息をのんだ。

——一九九三年。その年を最後に〝野人〟目撃証言はピタッとやむのである。

なにが事実で、なにがデマか。

〝雑交野人〟は今も生きているのか。

ＶＣＤに写っていた「神農架〝野人〟夢園」とはなにか。

神農架ではかつてなにがおこなわれ、そして今、なにがおこなわれようとしているの

か。

一九九八年四月十七日。

イノウエ隊長・スギウラ隊員・ウメキ隊員・サイトー隊員、そして私の五人は、すでに初夏のような陽気の成都をあとにした。

目指すは秘境、神農架。

そこで驚くべき人物が待ち受けていようとは、そのときの我々には知る由もなかった——。

二　秘境・神農架へ

1　探検隊、湖北省へ

湖北省入り

一九九八年四月十八日、時刻は午後四時。我々五人——イノウエ隊長以下、スギウラ、ウメキ、サイトー、そして私——の探検隊は湖北省の西北、十堰《じゅうえん》市の駅に降り立った。成都を発ったのが前日の午後二時。ほぼ一日あまりもかかってしまったのは、陝西省安康《あんこう》市で途中下車し、旬陽《じゅんよう》にある孟達《もうたつ》の墓を見に行ったからだ。孟達とは、『三国志』の登場人物のひとりである。私とサイトー隊員を除く三人は筋金入りの『三国志』マニアであった。墓に向かうため安康からバスに乗ったものの、崖崩れでストップ。徒歩でひと山越え、再度バスに飛び乗って旬陽に着いたころには、汽車を降りてからすでに五時間が経とうとしていた。おまけに炎天下さまよい、小高い山の上に登ったものだから、全員脱水症状寸前。ほうほうの態で汽車に乗り込み、二時間ほどかけてここ、十堰市にたどり着いた次第である。

とにかく安宿を探し、フロントへ。チェックインの最中、ぞんざいな態度の従業員がおもむろに口走る。

「……ヤジン」

なに！　我々の極秘任務を見破ったというのか？　ん、しかも日本語？

「ヤジン、ヤジン、ヤージン！」

どうやら〝押金《ヤージン》〟――つまりデポジット（前金）を払えといっているらしい。

――私は疲れていたようだ。

ドミトリーに荷物を投げ込むと、夕飯をとるべく街へくりだす。道すがら、ガードレールに描かれた奇妙な広告が目に飛び込んできた。

〝神農架野営キャンプ場〟

キャンプ場があるのか？　謳い文句にはこうある。

探検隊・神農架への道

十堰市のガードレールに書かれたキャンプ場の広告。下の方に「〝野人〟を探す」の文字が！

「神農架へ足を踏み入れ、テントを張り、寝袋にもぐり込み、雲海を見、野人を探す……」

――！

我々は〝野人〟のメッカに近づいているという興奮を禁じ得なかった。

明けて十九日、粥《かゆ》で軽い朝食をすまし、七時二十分発のバスに乗り込んだ。乗客は生活感あふれる人々ばかり。野菜やら工事用の機材やら、みなそれぞれに大荷物だが、リュックを背負った旅人は我々だけだ。

一時間も走ると、本格的な山道に入る。〝野人〟の目撃例が多い房県にさしかかった。険しい山々をいくつも越える。急な斜面に強引に作った感のあるその道は、狭いうえにガードレールもなく、恐怖である。緊張からか昨夜の食事が悪かったの

房県から神農架林区へ向かう途中の険しい山道

か、私は腹部に激痛を覚え、哀願してバスを停めさせ、厠《かわや》へ。「早くすませ」とばかりに、ヒステリックにクラクションでせかされ、満足に用もたせぬまま席に戻る。悪路だ。あまりの揺れに私は座席から垂直に跳び上がり、鉄製の荷物棚に激突。ボディーがじわじわ責められているところへ、致命的な一撃。私はダウン寸前であった。

神農架林区・松柏鎮

松柏鎮《しょうはくちん》には午後二時半ごろ到着。海抜二四〇〇メートル。神農架林区の人民政府がある街だ。政治・経済・文化の中心地でもある。道行く人はまばらであるが、予想以上に整備された街というのが第一印象だ。五階建、六階建のビルが軒を連ねるメインストリートを歩くと、「野人寨《やじんさい》娯楽センター・ＫＴＶ」と書かれた大きな看板が目に飛

野人寨サウナ按摩センター。怪しすぎる……

び込んできた。「寨」とは砦《とりで》の意味である。何事か、と誘われるままに看板のあるビルの入り口をくぐり、裏口から中庭に出ると四角い平屋建ての建造物がふたつ。向かって右側の建物には、城壁のような壁面いっぱいに、うっそうと茂る山々が神秘的に描かれている。「KTV」とあるが、これはカラオケボックスのことである。入り口は閉めきられ、人影はない。左側の建物の白い壁面には、たわわな乳房もあらわに長い髪を洗う裸女がふたり、線画で大きく描かれている。夜にはネオンサインがともされるであろう看板文字には、でかでかと「野人寨サウナ按摩《あんま》センター」と書いてある。サウナ・按摩と〝野人〟になんの関係が？首をかしげるばかりの我々であった。

中国といえばパンダ、オーストラリアといえばコアラにカンガルー、はたまた北海道といえばキ

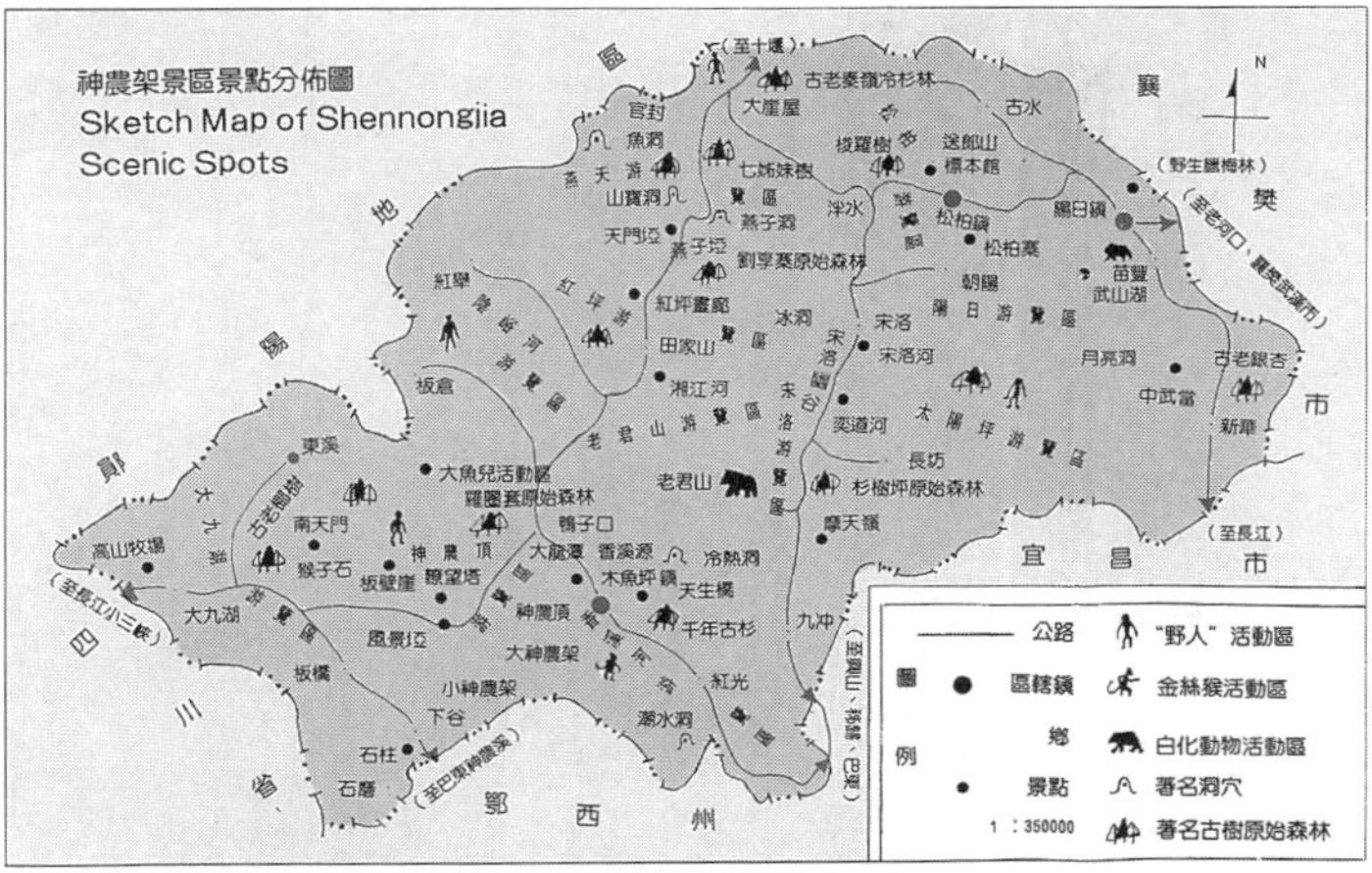

神農架観光マップ――〝野人〟活動区に注目！
（パンフレット『緑色宝庫―神農架』海風出版社より）

タキツネ、沖縄といえばハブとマングースというくらいに、ここ神農架と〝野人〟のつながりは密接なのではないか――。宿に腰を落ち着けた我々はそんな話をしていた。いわば土地のイメージキャラクターの地位を、ここでは〝野人〟が占めているのではないか、ということだ。神農氏（炎帝）も同様で、「炎帝酒楼」「炎帝ナイトクラブ」なんていう看板も目についた。古代神話世界と現代俗社会が奇妙な同居をしているのである。

我々の宿、「神農架林区招待所」のロビーの壁には神農架観光マップが掲げられていたが、公共機関や道路、山や洞窟の名前を示す文字や記号に混じり、〝野人〟出没ポイントがたくさんマーキングされていた。そこに行けば〝野人〟を見られるというわけでもあるまいが、「金糸猴《きんしこう》活動区」「白色《アルビノ》動物活動区」と並び、「〝野人〟活動区」と

神農架自然博物館

して、ほかの野生動物とまったく同等に扱われているのがおもしろい。〝野人〟の実在があたかも自明のことのように、そこには書き込まれているのである。このような地図は、私がこの地で買い求めたパンフレットのほか、関連図書や観光案内の店先などで何度も目にすることとなる。

神農架自然博物館

四月二十日、松柏鎮二日目の朝。我々は街の東端にある神農架自然博物館へと足を運んだ。ま新しい外観のちょっとおしゃれな白塗りの建物だ。チケットは一枚十五元。なかに入ると、ガイドらしき人が我々についた。ほかに客がいないため、各展示室は施錠されており、我々が出入りするのにあわせて、ドアの開閉や照明の点滅をおこなうのだ。

神農架自然博物館内部・アルビノの白い熊の剝製

展示内容は、神農架林区の地形を表した巨大なジオラマや、動植物を紹介した写真パネル、野生動物の剝製などで、〝野人〟に関してはまったく触れられていない。それでも神農架に多く生息するといわれる白色動物——白色の熊や鹿の剝製は、我々の目を引いた。なぜこの地にばかり、かような突然変異体が多く生まれるのだろうか。前掲の劉民壮著『中国神農架』をひもとくと、発見例があるものだけで十種類もの白色動物が紹介されている。一九七七年には白い金糸猴も目撃されているというから驚きだ。同書で劉氏は、神農架の自然環境からこの現象の原因を探ろうと試みているが、結局謎を完全に解明するにはいたっていない。この白色動物の謎はおもしろいテーマであるが、別の機会に譲るとして、今回はとにかく〝野人〟を追うことにしよう。

「〝野人〟に関する資料はないのか」と博物館の人間にたずねると、ああ、それなら自然保護区のなかに行きなさい、〝野人〟オンリーの資料館があるから、との返事。なんと！　独立して建っているのか。さぞかし凄いに違いないと武者ぶるい。自然保護区に一番近い街といえば木魚鎮《もくぎょちん》である。そこまで行くには、ここからバスでさらに六時間以上かかる。急ぎたい。できれば今日中に着きたいものだ。そのためには、昼に松柏鎮を発たなければならない。我々は、はやる気持ちを抑えつつ、荷物をまとめようと宿へ急いだ。

神農架中国旅行社

宿に戻ると、そこの小さな売店で資料価値のありそうなモノはないかと探してみた。神農架関連の本は、前日に近所の新華書店でも購入していたが、今日はおもに観光案内書、地図などをそろえた。「神農架トランプ」なる珍品も売っており、いったんはここで買おうとしたが、別の店ではもう少し安く売っていたのを思い出し、サイトー隊員とふたりでそこへ走った。

その店とは「神農架中国旅行社」内の売店である。売店前の看板にはA、B、Cの三コースに分かれたツアーの案内が書き込まれており、各コース、巡る山や森はさまざまだが、そのいずれにも〝野人〟探索タイムが設けてあるのがユニークである。売店も充実しており、「神農架」と染め抜かれたTシャツや、帽子、リュックなども販売している。くだんの「神農架トランプ」の製作元もここ「神農架中国旅行社」となっており、だからウチは安いのよと、売り子のおねえちゃんが教えてくれた。さっそく購入し、中身をチェックすべく、その場で一枚一枚に目を通すことにした。

それらには神農架の野生動物や風光明媚な自然の写真などが印刷されており、ならべてみるとちょっとした写真集のようである。ちなみにジョーカーの札は金糸猴の横顔だった。冗談のつもりで「〝野人〟の札はないの？」とたずねると、ないな

神農架中国旅行社。店頭には各種ツアーコース案内の看板

神農架トランプ

い、いまだに〝野人〟を撮影した人はいないんだから、という予想どおりの返事が返ってきた。

――急転直下、思いがけない展開になったのは店のおねえちゃんの次のひと言からであった。

「そういえばおととい、〝野人〟調査隊の人が来てたけど、あなた会った？」

寝耳に水だ。聞けばその人物は、今日の午後にもふたたびこの旅行社を訪れるだろうというのだ！

2 〝野人〟ハンターあらわる

張り込み

四月二十日午後二時。我々五人は「神農架中国旅行社」経営のホテルロビーにいた。麵屋で軽く昼食をすませ、昼に乗るはずだったバスも当然キャンセルしていた。あの後、宿で待っていた残りの隊員たちにことの次第を告げると、全員色めき立ち、満場一致で松柏鎮滞在延期の決定がなされたというわけである。その「〝野人〟調査隊の人」に接触すべく、「今日の午後にはまた来る」という情報を信じて、このホテルのロビーでひたすら待とうと、持久戦を決意した次第だ。聞けば、その人は今日の朝から、松柏鎮を巡っているとのこと。具体的な来訪時間がわからないのが不安ではあったが、ほかに策も思い浮かばない。狭いロビーだ。人の出入りがあればかならずわかる。

ホテルの玄関には、我々酔狂な外国人旅行者の集団をひと目見ようと、近所の店の従業員などが、入れかわり立ちかわり、のぞきにやって来る。こっちもヒマだから、連中に話しかけることにした。

〝野人〟を見たことがあるか、との問いに「イエス」は返ってこなかった。だが、オレの友人の知り合いが見たことがあるとか、遠い親戚が声を聞いたそうだといった伝聞の形では語ってくれた。なによりも感動したのは、この旅行中、今までどの土地でも〝野人〟の二文字を口にするたびに受けてきた軽い嘲笑や、軽蔑のニュアンスが、そこには微塵《みじん》も感じられなかったことである。ここでは、ごく自然に、日常会話のなかに〝野人〟が息づいているのだ。

いつまで経っても待ち人はあらわれない。

「その調査隊員って人は、どんな人なんです？」

私はしびれを切らし、彼のことについて売店のおねえちゃんにたずね始めた。

「名前はね、〝じゃん・じんしん〟っていうのよ」

彼女は私のメモ帳を奪い取り、その名を漢字で書き始めた。

――「張金星《ちょうきんせい》」。

聞くところによるとその張金星氏は、ふだんは神農架の山奥でキャンプ生活をし、〝野人〟捜索をつづけているのだが、二日前、米を買いつけに下山して来たのだそうだ。一年半ぶりのことだという。買い出しがすんだら、また山に戻るらしい。

結局二時間だけ待ったところで、これではらちがあかないと判断。売店のおねえちゃんから、張金星氏の宿泊先を聞き出し、とにかくそちらへ押しかけることにした。

すれ違い

彼の滞在しているホテルは「張公賓館《ちょうこうひんかん》」。おそらくは松柏鎮で、いや全神農架中でも最高級のホテルであろうと思われる。いわゆる田舎の大ホテルだからそれほど設備が立派なわけではないが、先ほどの「神農架中国旅行社」内のホテルとはくらべ物にならないくらいの広いロビーがあった。フロントにも、パリッとした制服に身を包んだ従業員たちがならんでいる。我々の泊まっている「神農架林区招待所」からは、歩いて五分もかからないほど近いところにあった。

勇んで来たものの、さてどうしよう――。我々はとにかくロビーの椅子に腰をおろすと、臨時作戦会議を開いた。結果、アポイントメントなしで会うのも失礼だろうということになり、張氏への面会を申し入れるメモを書いて、それをフロントに仲介して渡してもらうことにした。

五人の隊員の中国語能力をフルに使い、あーでもないこーでもないと三十分もかけて文面を練り上げる。「我々は日本から来た留学生で〝野人〟について非常に興味を持っています。つきましては貴方のお話しをうかがいたいのですが、今晩お時間ありますでしょうか。午後七時半にまたこちらへ参ります」といった内容である。こんな単純な文章に半時間も費やしてしまった我々——。探検が終了して四川大学に戻ってからは、まじめに授業へ出ようと誓い合った。

よし、とにかくこれで完璧だ。我々はフロントの綺麗《きれい》なおねえさんのところへメモを持っていく。と、おねえさんはそれに目を通すなり、おかしそうにこうのたまった。

「気づかなかったの？　張金星さんなら、あなたがたがロビーでワイワイやってるあいだに、ここを通って外出なさったわよ」

……絶句。

いまさらおのれの不注意を嘆いてみてもしかたない。伝言メモをフロントに預け、我々はホテルをあとにした。

〝野人〟ハンター張金星

それから数時間後。約束の七時半より少し早めに、我々はふたたび張公賓館へと赴いた。手には、事前に考えた質問を書き連ねたメモと、関係資料。録音機能つきのウォークマンの準備もぬかりない。フロントに聞けば、こちらのメッセージはちゃんと伝わったとのこと。ロビーの壁ぎわにある椅子に腰をおろし、期待感いっぱいで待ち構える我々であった。

――やがて、客室へと伸びる廊下のあたりから、三人の男たちが、大きな笑い声をたてながらこちらに向かって来る姿が見えた。ふたりは背広姿だが、もうひとりは明らかに異形の者だ。長く伸びた髪を後ろに束ね、ヒゲも伸ばしほうだい。上はチェックのセーターだが、下は迷彩模様のズボン。左右の裾の長さが合っていない。靴下は履《は》かず、直接ズックをつっかけている。常に半開きの両眼の焦点は合わず、どこか遠くを見ているような感じだ。俗世間からは完全に切れているいで立ちである。

本書をここまで注意深く読んでくださった賢明な読者諸兄なら、もうお気づきだろう。なんと彼は、あのVCD『神農架〝野人〟探奇』のラスト近くで紹介されていた、山中生活を送る孤独な〝野人〟ハンター、張金星その人だったのである。

我々五人はみな、立ち上がって彼を出迎えた。張氏は、上機嫌で笑いながら近づいて来た。

――むっ? く、くさい!? 中国酒のにおいだ。

まずはあいさつをせんと居ずまいを正す我々に向かって、彼が放った第一声はこうであった。

「すまんの。ちょっとどいてくれんか」

笑顔のままの張氏にそういわれ、我々は席を立って隅に追いやられた。アッケに取られる我々を

張金星氏と筆者。張公賓館にて

よそに、三人は壁の彫刻画をバックに記念写真を撮り始めた。よく見れば、彼らは完全にできあがっていた。背広姿のふたりは、地元の名士かなにかのようだ。名物男の久々の下山を祝い、もてなしているといった感じだ。

このまま置き去りにされるのでは、という不安がよぎったが、撮影が終わると、あらためてこちらに向きなおった。そこでようやく、あいさつをすることができた。握手をして、お互いに名刺を交換。氏の肩書は「中国科学探検協会会員・奇異珍稀動物調査専業委員会委員・中国奇異動物総合科学調査隊隊長」となっている。実際の家は北京にあるようだが、出生地は山西省とある。名刺の裏側には、「中国科学探検・掲示自然奥秘（自然の奥義をあばく）・探尋宇宙空間（宇宙空間をたずね）・開拓人類視野（人類の視野を切り開く）」といったスケールのでかい文句がならんでいた。

3 張金星氏へのインタビュー

張金星氏の活動

ようやく我々と向かい合った張金星氏に、さっそくインタビューを申し込むと、よっしゃよっしゃと快諾された。以下は約三十分にわたっておこなわれた張金星氏とのやり取りを、手短かにまとめたものである。張氏は酩酊状態のため、聞き取りは困難を極めた。ちなみに後日、余生《よせい》という中国人の雑誌記者も同氏にインタビューを試みているが（後出『深圳風采週刊』）、余生氏はその記事のなかで「長年（山中で）孤独な生活を送っているため、張金星の言語コミュニケーション能力は下がってしまい、その話は常に聞き取りにくい」と評しているほどだ。このようなことをお含みおきのうえ、以下、お読みいただきたい。

中根「よろしくお願いします」

張「ワシは中国科学探検協会の委員ですじゃ。ちと、今日は酔うとりますがの。専門は〝奇異動物〟ってやつでの。その探検活動なんぞやっとります。日本にも友人がいっぱいおりましてな。ここにも何回か来たこともあるんですぞ。じゃが今日はここに来てあんたがたにお目にかかれて、とても嬉しいのお。なんでもここ（松柏鎮）は外国人が滞在しちゃあいけないところと聞いとったが……。しかしまあ、あんたがたはここ（中国）の留学生じゃからのお。ありがたいのお」

中根「現在、張さんは中国〝野人〟調査隊のどのようなお仕事に従事しておられるのですか？」

張「今は足跡を見つけることかの」

その後、氏はアメリカ・カナダ・イギリスの探検家とも連絡を取り合い、共同探検をしていると語った。氏は続ける。

張「ワシがなぜ神農架を選んだか。それは、ここには〝野人〟がおる可能性が一番高いと確信しておるからじゃ。ワシがここに来たのは九四年じゃった。一年半の時間を費やして第一段階の調査をやり遂げたんじゃが……。神農架は四川省の巫山《ふざん》をそのなかに含み、まっすぐに長江沿いの巴東《はとう》までつづいておる。そこではみな〝野人〟の足跡が発見されておるんじゃ。土地の農民たちの目撃情報、声を聞いたという報告など、〝野人〟についての信じるにたる情報は、すべてワシが直接彼らに取材したもので、今その証明を進めておる」

「神農架の総面積は三六〇〇平方キロメートルじゃ。その一部は人類が活動をしておらん。いわゆる原生林じゃ。土地の農民から新発見の毛髪を採取したんじゃが――ワシが〝野人〟の身体からむしったものではないぞ、農民たちが〝野人〟の毛髪だといっていたモノじゃ。それについても鑑定したが、謎の生物のものであると実証された。この世界には間違いなくこの種の生物が存在する、というのがワシの持論じゃ」

「神農架には一般の住民ばかりでなく、狩人や、薬草採集を生業とする者たちもおる。彼らはいつも山のなかで長時間過ごす。それに現地の農民、教師に科学者――彼らもみんな目撃経験があるんじゃよ。彼らはこういうんじゃ、熊やサルならなんども見たことがある。それらはみな四本足で走るが、自分たちが見たモノは二本足で立って走るんだ、とな。総身に毛が生えていたともいう。彼らに絵を描いてもらった。この一帯には直立歩行の生物が存在していると、ワシは考えておる。現在、ワシらの調査は第二段階に入っておる。おもに資料分析をおこなうのじゃが、そうじゃのう、だいたい三、四年で結果が出るかのう。これについてはなんともいえんな。なぜなら、なかなか思うとおりにはうまくいくものではないからのう。〝野人〟との遭遇は偶然の産物じゃ」

特に科学的裏づけを取るのが困難だと氏はいう。

張「発見の多くは、たまたま成功したものじゃ。例えばもしも計算してわかるんじゃったら、山に登るたびにまた見つけられるんじゃが、そりゃあできんわい」

張氏は一息ついて、こんな話を始めた。

張「それは海に流れ込む水のようなものじゃ。かならず大きな山や石の堤を通らねばならん。そのような長い時間をかけてこそ、大海にいたることができるのじゃ。ワシは今年四十四歳。五十も近いですじゃ。人からあるときこういわれた。〝なんでこんなに長いヒゲなのか〟とな。このヒゲはの、中国のことわざでな、「蓄鬚明志《ちくしゅめいし》（ヒゲをたくわえて志を明らかにする）」というのにあやかったんじゃ。ワシは〝野人〟を見つけるためにここに来た。それをやり遂げるのがワシの今の目標じゃ。自信はあるぞ。あきらめはせんわい」

〝野人〟発見までは髪も切らずヒゲも剃らない覚悟らしい。

〝野人〟を追ってのサバイバル生活

ひととおり話し終えた氏に、一問一答式で質問を続ける。

中根「ご自身で目撃されたことはないのですか?」

張「今のところまだ直接お目にかかっちゃおらん。じゃがワシが思うに、ヤツ(〝野人〟)はすでにワシに対して関心を持っちょるな。ヤツはワシを観察・調査しておるじゃろう」

中根「〝野人〟調査隊の多くの人は、〝野人〟を見たことがあるのですか?」

張「そうじゃ。じゃが今回来たワシらの調査隊は、まだ直接見てはおらん」

中根「現在、〝野人〟調査隊のメンバーは何人くらいいるのですか?」

張「ワシらのかね。ええとワシらはまず九四年にここへ来たんじゃが、そのときはわずか十六人ですじゃ。この十六人は部会に分かれとりましてな。ある者は専門家チーム、ある者は顧問チーム、ある者は資料チーム、そして調査隊(実地探索チームか?)。しかし今現在はワシひとりが中心となって、すべて自腹を切ってやっとるんじゃよ。なぜって、ほかのメンバーはみんな本業があるからの。彼らは一年のうち休暇をとってここへ来て、ワシとしばらくのあいだ一緒にいるんじゃが、大部分の時間はすべてこの山のなかにいるワシひとりに任せっきりなんじゃ。ワシは今回、山中で五ヶ月間過ごした。まるまるひと冬といっていい。おとといの夜、やっと山を下りて来たんじゃ。食料調達と、ちょっとした買い物が目的でな。それがすんだらすぐに山に戻る。おそらく夏のあいだじゅう、山のなかじゃろうな」

一年半ぶりという売店のおねえちゃんの話はおおげさだったか。それでも長時間山ごもりしていることに変わりはない。私は質問をつづける。

中根「最近〝野人〟の目撃例はあるのですか」

張「いや、ない。じゃが去年の冬に調査したところでは、ヤツは確かに依然活動中じゃ。神農架にはまちがいなくいる！」

例のVCDでも紹介されているように、足跡を雪上に発見したことから、氏はそう確信しているのであろう。

中根「一年のうち、どのくらい山中で暮らしているのですか」

張　「およそ十ヶ月以上じゃ。この十ヶ月のあいだ、外界との交流は完全に絶っておる」

そんなにか。それならば山中の状況については熟知しているはず。我々の不安のひとつであった、この質問を投げかける。

中根「虎に出くわしたことはありませんか？」

張　「虎かの。地元民もワシにそんな忠告をしたことがあったがな。ワシも虎の足跡は見つけたことがあるが、まだ実物にお目にかかったことはないのう。直接虎の足跡を見つけたのは三回じゃ」

中根「もし虎に遭遇したら、どうしたらいいのでしょう？」

張　「もし虎を見つけたら、そいつと交流するんじゃ。〝ワシはあんたの友達じゃ！　友達じゃ！〟ってな。ここではほとんどの時間ワシひとりで山のなかにおるが、今まで一度も保身を考えたことなんてないわ。ワシらの仕事をやり抜こうと思ったら、まず自分のことなど考えていてはいかん。もし保身のことを思ったら、あんた、やり抜けんよ。大自然に自分の運命を委《ゆだ》ねるのじゃ。もしワシらに、まだいくばくかの生きる価値があると見なされれば、ずっと生き延びさせてくれるはずじゃ」

スケールがでかい。

インタビューにも熱が入って来たころ、我々は今回の探検の発端ともなった例の新聞記事の切り抜きを差し出した。

もちろん〝雑交野人〟である。

〝雑交野人〟は人間か？

中根「去年、新聞紙上で〝雑交野人〟についての報道がありました。張さんの考えをお聞かせください」
張「これは――（しばし記事に目を通す）。ワシは以前、こいつについて調べたことがあるぞ。こいつは知恵遅れのヒトだということが、すでに実証されておるよ。彼は神農架西北の地元民の三万人のなかのひとりにすぎない。〝野人〟の子供などでは断じてないぞ。人間じゃ。彼を〝野人〟と称しちゃいかん。ワシは〝野人〟はきっと〝巨猿（ギガントピテクス）〟だろうと踏んどるんじゃ」
中根「その〝雑交野人〟は、まだ神農架にいるのですか？」
張「ある辺鄙な村のなかにおる。神農架ではない」

軽く一蹴されてしまった。やはり一連の報道は、営利目的で一部の人間が都市に向けて発信したものと考えてよさそうだ。張金星氏は、なぜ今ごろになって過去のデマ情報を引っ張り出して記事にしているのか、理解に苦しむ、といった表情だった。

それではこちらのニュースはどうだろうかと、『チャイニーズドラゴン』紙に載った事件――神農架で十三年間も野人生活をした一家の記事を紹介した。「〝名実ともに野人と呼ぶべき一家〟と現地で評判を呼んでいる」（同紙同記事より）とあるからには、張金星氏が知らぬはずはない、と踏んだのだが、答えは意外にも「それは聞いたことがない」だった。そこで質問を替え、この報道と似たような事件はなかったか、神農架山中に人間が住んで〝野人〟のように暮らした例はないかどうか、たずねた。

張　「今は少ないのお」

中根「以前はどうでしたか？」

張　「社会が発展するのにあわせて、ワシらも神農架の自然保護を進めてきた。保護されてからは、神農架内の人間はすべて、すでに神農架の外へ移住してしまった。好きなように生きていける環境へな。神農架の海抜は最高点で三一〇五・四メートル、最低点で二九〇〇メートルじゃ。今現在、一七〇〇メートル以上になったらもう人は住んではおらん。二一〇〇メートル以上にはたんぼもない。どんな作物もないいんじゃ。じゃからこの話はありえんな」

少し質問の趣旨を取り違えられたらしいが、ともあれ、海抜の高い神農架の山で一般の人間が何年も生活できるほど甘いもんじゃないとのことだった。実際にサバイバル生活をしている氏の言葉だけに説得力はある。俗世を離れている氏が報道を目にしなかっただけかとも考えたが、一家が山を下りたとされるのが九三年で、張金星氏が神農架山中にこもり始めたのが九四年。一年の差がある。その間に報道があったとしたら、目に入らないほうがおかしい。張金星氏は〝野人〟マニアなのだ。細かな情報も拾うのである。では『チャイニーズドラゴン』紙の報道はガセネタだったのか。いや、中国内の情報源に強いコネクションを持つ同紙のこと、なにかしらの確かな情報提供者はいたはずだ。もうひとつ気になるのは、自然保護化が進められて神農架内の人々が移住して（させられて?）いったという氏のことばである。

自然保護をめぐる攻防

ここで少しページを割《さ》いて、神農架自然保護区成立の過程を見ておく必要があるだろう。

一九七七年、中国科学院奇異動物調査隊は、神農架での半年の調査で、現地の動植物資源は豊富であるが、近年の森林伐採や金糸猴などの珍獣乱獲で相当なダメージを負っていることを知った。

かつては見られたというパンダの姿も、すっかり消えていた。同年十月、調査隊は第十期簡報で神農架の自然保護区化を提唱している。同年十二月、湖北省林業庁の代表と調査隊との会談が持たれるが、あるテーマを巡って意見が対立。それは、神農架は木材資源の産出場所なのか、天然資源を保護する場所なのか、というものであった。ここでは省の三分の一の木材が産出されていた。土地の重要産業のひとつである林業にたずさわる者たちにとっては、死活問題である。このあたりの経緯は、これまでなんども挙げた劉民壮氏の『中国神農架』に詳しい。調査隊代表として会談に臨んだその劉民壮氏が、彼らを説得するにあたって挙げた第一の理由は、驚くべきことに、次のようなものであった。

「神農架には〝野人〟がいる。我々は神農架内の〝野人〟を保護しなくてはならない。〝野人〟は人類の祖先の生きた化石なのだ！」

林業庁側も黙っちゃいない。「ならその〝野人〟を先に捕まえて俺たちに見せてくれ。そうしたら神農架も自然保護区にしてやるよ」と応戦する。つづいて劉氏は中生代第三紀の生きた化石と呼ばれる植物群を列挙する。しかし林業庁は、「それらがすべて切り倒されたって構うもんか」と開き直る。金糸猴などの保護を訴えても、「我々はすでに小さいながら金糸猴保護区を設けているから、それ以上拡大する必要はない」と断じる。

このようにして、最初の試みは拒絶されたのである。

それ以後も、劉氏は神農架の自然保護区化に尽力していく。

一九七九年、神農架林区、四川省巫山（当時。現在は重慶市に含まれる）を視察後、あらためて深刻な自然破壊の模様をまのあたりにした氏は、神農架保護の重要性を四万字からなるレポートにまとめ、神農架林区科学委員会、中国野考会執行主席の李健氏、中国科学院武漢分院副院長の成解《せいかい》氏などに宛てて送った。劉氏は神農架の動植物絶滅の危険性を説くなかで、かつて〝野人〟が目撃された森林が伐採によって消滅した事例を挙げ、生活環境の激変による〝野人〟の〝大本営〟壊滅を危惧している。さらに氏は、無差別の伐採を禁じ、計画的に規制された合理的資源利用を提唱している。自然保護区内に科学研究所を建設、特殊活動をおこなうべきだ、とも述べている。自然保護区設立後も林業関係者は仕事を失うわけではなく、現代的な技術を学び、生態系との均衡を保ちつつ合理的資源利用を進めてほしいとの提案である。レポートは各方面での支持を得ることとなる。

一九八〇年、武昌のホテルで五月七日（鄂西北《がくせいほく》〝野人〟調査隊共同会議）、八日（中国・アメリカ植物調査隊神農架行きの準備会議）におこなわれたふたつの会議に劉氏は出席し、スピーチをおこなっている。このときの内容をもとに、中国・アメリカ連合植物調査隊と鄂西北奇異動物調査隊の名義で、神農架自然保護区拡大に関する建議が起草される。そこには〝野人〟保護の重要性も盛り込まれていた。同時に、動植物などの専門家八人が「神農架を救え！」と訴えた文章が『湖北日報』『長江日報』、湖北ラジオなどで紹介され、社会の関心も高まってきた。

しかし、その間にも相変わらず無秩序な森林伐採、動物の乱獲はつづいていた。一九八〇年十一月、神農架と隣接する巴東双河公社《そうが》毛月坪《もうげつへい》大隊による、人民元三〇〇〇元という懸賞金付きの金糸猴ハントがおこなわれた。現金のほかにも、無料での北京・上海・天津・広州などの大都市旅行、工業系の企業への就職斡旋《あっせん》などがボーナス特典として与えられるものだ。ハンターたちは森に入って昼夜を問わず爆竹・太鼓を鳴らしつづけ、金糸猴が衰弱したところを捕獲したという。そのうちの何匹かは武漢の動物園に送られたが、多くの金糸猴が捕獲中、捕獲後に死亡している。

神農架、自然保護区に

さて、以上のような紆余曲折《うよきょくせつ》を経て、一九八二年三月、湖北省人民政府はついに神農架林区の約四分の一を省級自然保護区に指定した。湖北省財政局は、神農架自然保護区に二十万元の経費を出している。

一九八六年七月九日、国務院は神農架自然保護区を「国家森林と野生動物類型保護区」に指定した。以後、神農架自然保護区では重点保護がおこなわれ、狩猟は禁止、珍しい動植物や各種天然資源などの聖域とされるようになった。また科学研究と観光の拠点にもなった。

それでも密猟や不法な乱伐はなくならない。一九八八年十二月、劉氏は中国野考会全国第三回代表大会の席上、神農架林区の全面保護を訴えている。その理由として次の四つを挙げている。

・中央の指導者が神農架について語った基本精神は、神農架林区すべての保護であり、そのなかに一部分だけ保護区を設置することではない。
・神農架は中国内外に有名な科学研究基地になっている。もし神農架が消滅するようなことがあれば、それは人民の犯罪行為である。
・神農架には他の地域では絶滅した動植物が生息しているが、ここでも今まさに滅びようとしている。
・長江中流域での三度にわたる森林の大伐採は、すでになんども四川省に水害を引き起こしている。もし神農架林区の非保護区がまた乱伐に遭《あ》えば、大規模な災害が発生することになる。

気になるのは、それまで神農架の自然保護を訴えるときにかならず引き合いに出されてきた〃野人〃の二文字が見あたらないことだ。絶滅しそうな希少動物のなかに含めているのかもしれないが、それまでほかの動物とは別格の扱いを受け、どんな公式文書にもかならず出てきた〃野人〃が消えているのは、なにかわけがあるのだろうか。

一九九〇年、神農架自然保護区は国連ユネスコの「人と生物圏保護区」に指定される。国務院の批准を経て、この自然保護区が対外開放されるのは一九九四年のことである。

ところで、どの資料にあたっても、住民が退去させられたという記述は見あたらない。張金星氏の発言は、単に住民の移動が自由になったという程度の話なのか？　残念ながらインタビューの時点で氏のことばが明瞭には聞き取れなかった我々は、この点について突っ込んだ質問をおこなうことはできなかった。

それにしても、『チャイニーズドラゴン』紙に載った〝野人〟生活一家は野生動物を糧《かて》としたり、町に下りて売りさばくための木材を勝手に伐採したりと、これでは当局が目を光らせている密猟者そのものである。自然保護を叫ぶ側から見れば、彼らはむしろ〝野人〟の存在をおびやかす者、ということになる。

さよなら〝野人〟ハンター

張金星氏へのインタビューは、その後もつづいた。〝野人〟の足跡発見の可能性の高いポイントや、そこまでのルートなどを具体的に教えてもらう。我々外部の人間は、やはり行動を制限されるようで、入ってはいけないエリアも多いという。観光で巡るくらいならいいが、探検は難しいということか。

張氏に最後の質問を投げかけた。

中根「張さんは、〝野人〟は一体どのようなモノだとお考えですか？」

張金星氏と五人の探検隊の記念写真。張公賓館にて

張　「今までワシらが得た物証や昔からの情報から察するに〝野人〟は間違いなく〝巨猿〟の姿をしておる。現在はまだそれを実証する証拠は少ないがの」

張金星氏は我々との記念撮影にも快く応じてくれた。有名人である氏は、このあとすぐに、また客人との約束があるらしかった。ていねいに礼をいい、我々は宿に戻った。

もし仮に〝野人〟という新種が実在すれば、世界初の〝野人〟捕獲者は、この張金星氏になるかもしれない。常に現場にいる彼だけに、その可能性はほかの誰よりも高いだろう。

そういえば、『西遊記』で水簾洞《すいれんどう》でサルの親玉であった孫悟空を天界へ導いたのは「太白金星《たいはくきんせい》」ではなかったか。現代の金星氏は〝野人〟のナビゲーターとなりうるのだろうか——。

——長い一日がおわった。

三　神農架〝野人〟捜索記

1 神農架自然保護区へ

神農架・木魚鎮

神農架自然保護区にほど近い木魚鎮には、張金星氏へのインタビューの翌日、四月二十一日午後一時くらいに着いた。朝七時半にバスに乗ってから、約六時間半後のことである。

一泊十元（約一四〇円）の招待所（ホテル）に入る。招待所と名のつく宿泊施設の場合、基本的に外国人の滞在はダメなはずだが、閑散期ということもあり、我々の宿泊は許可された。

「森林旅遊公司」で車のチャーターをすませる。二日間貸し切りで一一七〇元（約一万六〇〇〇円）。これでもだいぶまけさせた。ガイドはいらないと断ったが、規則だからとひとりの女性ガイドが同行することになった。我々の安全のためというが、ひとつには勝手に自然保護区内をうろつかれたら困るという事情もあるのだろう。日本からの客人は当然珍しいということもあり、我々は

木魚鎮・入り口のゲート。テーマパークの入り口を思わせる作りである

しばし旅行社のオフィスでそこの従業員たちと語らった。

来訪者の名刺コレクションも見せてもらった。なかにはフジテレビや、日本の民間伝承研究者のものもあった。ほとんどが〝野人〟の取材だ。オフィス内にはささやかながらみやげ物コーナーも設置され、〝野人〟や神農架関連の書籍、VCD『神農架〝野人〟探奇』などがならんでいた。

その夜、夕食をとるべく我々は街へ出た。山に囲まれた小さな街だが、不思議と田舎くささはない。メインストリートの両側の店は同じ様式（ログハウス風）で建てられており、オシャレである。観光地のおみやげ屋が軒を連ねる、あの景観にも似ている。その一部はまだ建築中だ。営業中の店舗も、どれも新しい。売っている物は肉や野菜、衣服など庶民的な物なのに、いささか不釣り

木魚鎮・メインストリート。同じようなま新しい建物が、整然と軒を連ねる

合いな印象さえ受ける。とにかく、観光地化が急ピッチでおこなわれているとの感を持った。夕食を食べた店も、最近オープンしたもので、慣れない手つきの母と娘が経営していた。店内はま新しく、テーブルなども新品同様だった。客扱いも未熟で、にわかにこの商売を始めたと判じられたが、その素朴さは逆に好感が持てた。ほかの店などもひやかして歩いたが、人々はみな一様に優しく、商売人なのに少しもスレたところがない。今まで中国各地を旅行してきている隊員たちも一様に驚いていた。とにかく、その晩は部屋に戻ってテレビを少し見た後、早めに休んだ。

翌四月二十二日、朝六時半起床。旅行社が用意してくれたのは、十九人乗りの小綺麗《こぎれい》なミニバス。ゆったりと座れた。七時出発。

いよいよ聖域に足を踏み入れる。

神農架自然保護区・入場ゲート

四、五十分後、我々は「神農架自然保護区」と刻まれたゲートの前にいた。「神農架林区公安局旅遊派出所」でなかへ入る手続きをすませると、ゲートのフェンスが開かれた。霧が深く垂れこめたその内側は、仙境を思わせた。

霧のなかの〝野人〟捜索

文字どおり視界がきかない。対向車がなかったからいいようなものの、危険極まりなかった。窓の外、見たこともない野鳥が、すぐそこの木立を駆けていくのがかすかに見えた。四月下旬というのに所々に残雪が認められた。

〝野人〟目撃例が多い「猴子《こうし》石《せき》」地区でバスを降りる。コンクリート造りの平屋の建物があり、「神農架国家級自然保護区猴子石保護站《たん》」（「站」は駅、ステーションの意）との看板が掛かってい

「猴子石」を下から望む

た。何人かの男たちが常駐し、ここを管理しているようだ。「猴子石」は、この地区の山頂エリア一帯が天然の岩でおおわれており、その形が群れをなすサルに見えることからその名がついたといわれる。

我々五人とガイドの女性は頂上を目指して歩きだす。ゆるやかな傾斜。まばらに生えた低木。道は険しくないが、霧のためどこまで行っても頂上が見えない不安と、海抜三〇〇〇メートル近い高地（「猴子石」頂上は二九六七メートル）ゆえの酸素不足で、予想以上にグロッキー状態となる。一番バテていたのは我々を導くはずのガイド嬢であった。

——静かだ。我々の息づかいのほかは、なにも聞こえない。音までも白い霧に吸い取られてしまったかのようだ。野生動物の姿も一切見えない。

霧の立ちこめる「猴子石」山頂付近

上空を飛ぶ鳥の姿もない。途中に見かけた薄紅色のツツジが唯一の色彩で、あとは荒涼としたモノクロームの世界である。

どのくらい歩いたろうか。それは突如襲ってきた。

――クワーッ！

静寂を破る奇怪な鳴き声に、我々はギョッとして立ち止まる。周囲を見回すが、動物の影はない。

――クワーッ！

まただ。すぐ近くを鳥が飛んでいるようすもない。

――クワーッ！

三度、それは聞こえた。謎の声に切り裂かれたかのように、その後徐々に霧は晴れていったが、声の主とおぼしきモノはついぞ見つけられなかっ

「猴子石保護站」と、そこで働く人々

た。はるか彼方の木の枝にでもいるサル、もしくは野鳥が犯人だろうと推測したが、ガイド嬢は声の瞬間「〝野人〟!?」と小声で叫んでいた。単なる我々旅行者へのサービスの演技とも思えないほど、彼女の顔はシリアスだった。

ほどなくして我々は山頂にたどり着いた。そびえる岩壁は、霧のかかり具合で刻々とその表情を変える。薮《やぶ》の点在する荒野の中、ひときわ大きな枯れた老木が一本、四方を睥睨《へいげい》するかのごとく立っていた。寂寥感《せきりょうかん》の込み上げてくる光景である。目を凝《こ》らし、耳を澄《す》まし、少しの変化も逃すまいと、しばらくその場で時間をつぶしたが、成果は得られなかった。下山してミニバスまで戻る。正午になっていた。

我々は持参したカップラーメンをたいらげた。「猴子石保護站」のみなさんも昼食の時間で、同

「板壁巌」

じようにカップラーメンを食べていたが、その後、容器を道路脇の薮に投棄していた。いいのだろうか……。

〝野人〟目撃者の親族に遭遇

ミニバスに乗り込み、次に降りたのは「板壁《ばんぺき》巌《がん》」。大小さまざまの奇石が林立する石林《せきりん》地区である。ひときわ大きい、文字通り巨大な板のような岩には「板壁巌」と刻まれ、その一字一字が白いペンキで塗られていた。天然の岩でも、観光の目玉となるのであれば平気で人の手を加えるのは、長江の赤壁《せきへき》や雲南の石林を例に出すまでもなく、中国人のお家芸である。驚いたのは、石作りではあるが人工的な椅子とテーブルが道路脇に作られており、ちょっとした休憩所が設けられていることだった。一九九六年にこの地で観光地化促

「板壁巌」付近の奇岩群

進のイベントがあったことを示す内容の文章も、やはり天然石に彫られていた。もはやここは、二十年前〝野人〟出没のメッカだったころの面影を残してはいない。

午後になり、霧も晴れて青空が見え、明るくなってきた。周辺を散策する我々。私は足元にビニール製の小さな物体を見つけ、拾った。それはデジタルビデオカメラ用の日本製カセットテープのパッケージだった。すべて日本語で書かれている。しかも最新式だ。中国内では手に入りにくいモノなのではないか。

かつて日本のフジテレビのクルーが〝野人〟の足跡を発見した現場も、この近くにあるという。ガイド嬢に案内され、その場所を見に行く。岩と岩とに挟まれた狭いスペースであった。

長時間あたりをうろついていた我々のあとから、中国人観光旅行者とおぼしき一団が、ガイドを引き連れてやってきた。やはり我々以外にも訪問者は常にいるのだ。そう実感すると同時に、ここ

かつて日本のテレビの取材班が、〝野人〟の足跡を発見したとされる現場

に長くいても〝野人〟さんには会えそうにないなと悟り、我々はミニバスに戻ることにした。

次に我々は「瞭望塔《りょうぼうとう》」という高さ四〇メートルの展望台を訪れた。そこからなら周囲の山々を一望できるはずであった。ところが車外へ出た途端、空はにわかにかき曇り、雷鳴がとどろきわたった。塔にのぼるのは危険と判断し、その場で待機することにした。たまたま居合わせた、ここで働くふたりの中国人男性に〝野人〟の話などを聞いて過ごした。うちひとりは袁選兵《えんせんへい》と名乗った。ＶＣＤ『神農架〝野人〟探奇』で、〝野人〟目撃の証言をしていた野考会会員の袁裕豪《えんゆうごう》氏の、息子さんであった。当時子供だったのでよくは知らないから、詳しくは実際に本人に会って聞いてくれと前置きして、彼は父のエピソードを語ってくれた。

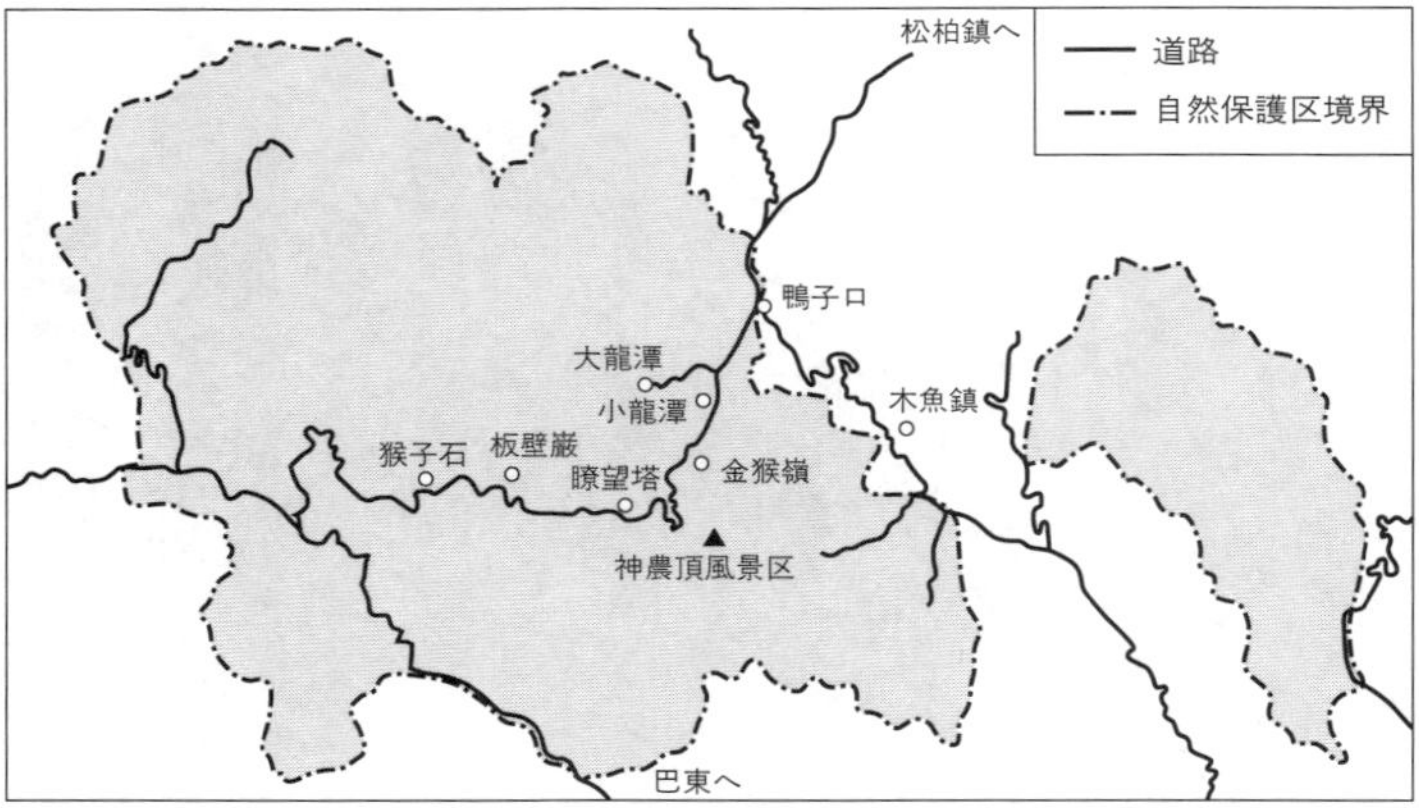

神農架自然保護区。東西二つのエリアからなる

「(〝野人〟に出くわしても)親父は怖がらなかったよ。そのとき親父は半自動歩兵銃を持っていたんだ。でもカメラは旧式のヤツで、フィルムも白黒だった。望遠ズームもなくて撮れなかったんだ。〝野人〟は貴重な生物だから銃で撃つこともできなかった。僕の親父は〝野人〟研究の仕事に就いてもう十何年も経つんだ。野考会の会員だよ」

ガイド嬢の補足説明では、父の袁裕豪氏は現在自然保護区の資源保護員も兼任しているという。二度の〝野人〟遭遇経験があるとかで、現在「小龍潭《しょうりゅうたん》」地区――我々の今晩の宿泊地でもある――にいるから、着いたら会えるようはからってくれるとガイド嬢。願ってもない話である。

やがて激しい雷雨となったので、我々はミニバスに乗り込んだ。

神農架〝野人〟夢園

「小龍潭」地区にたどり着いたのは、午後三時半だった。

ここは野考会の本拠地であり、過去二度の大規模な調査がおこなわれたときの大本営があった場所でもある。金糸猴の飼育もおこなわれており、大きな檻のなかで何匹か「キャッキャッ」と叫んでいる。

ここで袁裕豪氏と会えるはずであったが、彼は用事で自然保護区の外へ出掛けており、今日は戻らないとのことだった。インタビューは明日に延期だ。

小龍潭で飼育されている金糸猴

我々は今晩泊まるバンガローへ荷物を置きに行った。

そこの支配人が、ロウソクの束を我々に手渡す。なんです？　コレ……。

「すまんね、営業始めたばかりで、実はあんたがたが初めてのお客さんなんだ。そんなわけで、電気もまだ引いてはおらんでな。コレであかりを……」

耳を疑った。初めての「外国人客」ではなく、

我々が宿泊したバンガロー。ま新しいが電気は通っていない……

初めての「客」なのだ。泊まりがけで来る客は珍しいということか。あらためて見ると、なるほど、どのバンガローもま新しい。

その後、我々は敷地内にあるという〝野人〟ミュージアムに直行した。

ああっ！　こ、これがそうだったのかー！

――神農架〝野人〟夢園。

ミュージアムの入り口にはそう書かれていた。例のVCDでチラッと写っていた、かの謎の建物の正体は、中国初の〝野人〟博物館だったわけである。藁葺《わらぶ》きに、ログハウス風の作り。なかなか趣《おもむき》があっていいじゃないの、と近寄ってみる。コンコンッと壁面を叩くと、硬質で冷たい感触。なんだ、フェイクか。丸太に見えたモノは、実は

神農架〝野人〟夢園・外観

コンクリート製なのであった。

入場は無料というので、さっそく入る。いや、たとえ金をいくら積んでも、きっと私は入場したであろうが……。

平屋建ての内部は、大きく分けてふたつのフロアからなっている。入り口を入ると、まず壁いっぱいに掲げられた神農架林区〝野人〟目撃マップが目に飛び込んでくる。そこを抜けると第一展示場で、神農架の動植物や自然を紹介した写真パネルが飾られている。木彫りの炎帝像も置かれていた。第二展示場が〝野人〟コーナーである。

証言から推測した〝野人〟の性質（生活・言語・性格・家族）や、古今の目撃談——信憑性がないものも多いが——を紹介したイラストパネルが壁にならんでいる。ガラスケースには、今までに出版された関連図書、新聞記事、各種報告書が

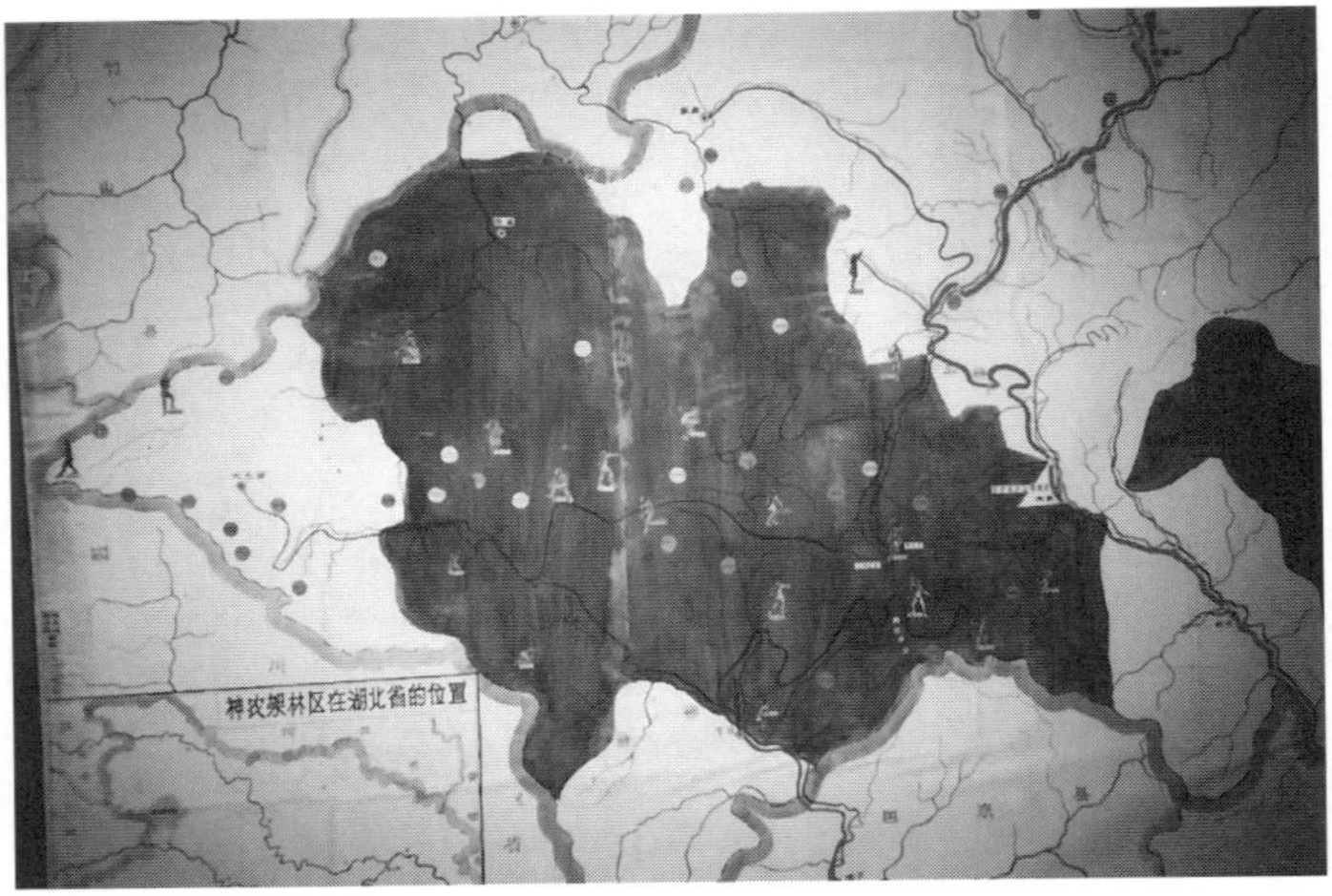

〝野人〟出没マップ。〝野人〟マークがいっぱい！

〝野人〟母子の木彫り

〝野人〟足跡の石膏型を指さす筆者

収められている。さらには、発見された足跡の石膏型、毛髪なども、鑑定結果つきでケース内に展示されていた。フロアの中央には〝野人〟の母子と思われる巨大な木彫りの〝野人〟像も飾られていた。我々は飽くことなく眺め、メモをとりつづけた。

夜、ロウソクのあかりのなか、またカップラーメンで夕食をとった。敷地内の売店でソーセージも買ってあった。賞味期限はとっくにすぎていたが、かまわず食べた。明日は〝野人〟遭遇経験者の貴重な話が聞けそうだ。はやる気持ちを抑え、我々はベッドにもぐり込んだ。

消灯すると漆黒の闇である。私は窓の外に目を凝らしてみた。あるいは異界からの使者が、この闖入者《ちんにゅうしゃ》を珍しがってのそのそとやって来るかもしれない。そんな気分にさせる夜であった。

2　神農架最高峰――神農頂

自然保護区、二日目の朝

一九九八年四月二十三日。その日も朝から、灰色の雲が空一面をおおっていた。七時半ころ、私はバンガローを出て表の空気を深く吸い込んだ。昨日からの雨で、森の緑はいっそう重く深くなったように見え、静かに私を取り囲んでいた。

「神農架〝野人〟夢園」を開けてもらい、もう一度館内をくまなく観察する。展示パネルの結語部分に、一九九六年五月とある。ここはオープンしてからまだ二年たらずだったようだ。気がつけば、訪問者は我々だけではなかった。首から大きなカメラをぶら下げた中年の中国人旅行者が二、三人、緊張感なく談笑しながらパネルなどを眺めている。彼らは〝野人〟の木彫りの前や、足跡の石膏型の横に立ち、にこにこしながらシャッターを切っていた。木魚鎮から早朝のツアーを組んで

神農頂周辺

来たのだろう。

九時にミニバスに乗り込み、神農頂《しんのうちょう》へ向かう。海抜約三一〇五メートル。神農架林区でもっとも高い一帯だ。〝野人〟の目撃、足跡などの発見例が少なくない地帯でもある。すでに二〇〇〇メートル以上の地にいるわけだが、さらに数百メートルも高く連なる山々をまのあたりにして、我々はとほうにくれた。傾斜はゆるやかだが、その斜面は低い竹藪《たけやぶ》でびっしりとおおわれており、その密林然たるさまは「竹の海」という表現がふさわしかろうと思う。風がその上を撫《な》でれば、生命ある繊毛のようにいっせいに粟立つ。登ろうとする者を拒む山だ。入れば数メートルと視界はきかぬであろう。ガイド嬢は難色を示したが、我々は上を目指すことに決めた。

一九八一年の〝野人〟出現事件

ここはある有名な〝野人〟目撃事件の舞台となり、そのときの目撃者が、誰あろう今日インタビューをすることになっている袁裕豪氏なのである。中国の〝野人〟関連図書などでも、よく引かれる例である。ここではより詳しい状況の記載がある、杜永林編著『野人――神農架からの報告』(『野人――来自神農架的報告』中国三峡出版社、一九九五)の記述を見ておこう。それによれば、事件の概要は以下のようなものであった。

一九八一年九月十五日。「鄂西北《がくせいほく》奇異動物科学調査隊」の四人、樊井泉《はんせいせん》、郭建《かくけん》、胡振林《こしんりん》、そして袁裕豪は、ここ神農頂の南側、海抜二八〇〇メートルの地点で調査をおこなっていた。午後三時ごろ、五〇〇メートルほど後方で調査続行中の胡振林を除く三人が、まさに休憩をとろうとしたときであった。樊井泉は不意に、向かいの山腹の草むらに、直立二足歩行の赤褐色の影がうごめいているのを肉眼で確認した。郭建、袁裕豪のふたりもすぐさまそれに気がついた。彼らのいる場所から謎の歩行物体までの距離は、直線にして約一〇〇〇メートル。竹藪のなかに入ったそれは、なお頭部が藪の上に露出していたという。「〝野人〟だ!」樊井泉は後方にいる胡振林に大声で、すぐに上がってくるように呼びかけた。上着も脱ぎ捨てて全速力で走った胡振林であったが、二〇〇メートルも進まないうちに、くだんの影は向こうの山頂付近まで登りつめ、林のなかにまぎれて見えなくなってしまった。時間にして一分ほどのことであった。

その晩、一日の山中活動で疲弊《ひへい》した彼らではあったが、初めてまのあたりにした〝謎の動物〟のことで話題はもちきり。昼間の興奮さめやらず、豪勢な晩餐会を催し、熱く語り合ったという。いわく「藪から頭ひとつ飛び抜けるなんぞ、相当大きい」「あんな速さで移動できるなんて、人間じゃない」等々。しかし、彼らが物体を目視した距離は遠く、正体を断ずる物証に乏しいため、調査隊の指揮者はこの件に関し、さらに調査を進めるよう通達した。

その翌日、調査隊メンバーは神農頂へ現場検証に向かった。樊井泉らは謎の生物が移動していた山の斜面で、郭建、袁裕豪は自分たちが目撃した地点で、それぞれ観測をおこなった。樊井泉は、昨日〝野人〟らしき影がいた斜面を同じように登ってみたが、進める道はなきに等しい悪路で、山頂にたどり着くまでに二十分も要した。さらに、身長一七三センチの樊井泉の頭は、周囲の藪に完全に埋没してしまい、向こうの山からは死角となってしまうことも判明した。

これらの観測結果から、九月十五日午後、神農頂南側の山の斜面を移動していた赤褐色の人型の動物こそ、調査隊が追い求め続けていた奇異動物――〝野人〟であるとの見解に達した。惜しむらくは装備が充分ではなく、一〇〇〇メートル以上離れた目標に対し、その動きからしか観測することができず、写真も撮ることがかなわなかったことである。

昼なお暗い竹林のなかを前進する探検隊！

神農頂を登る

我々は覚悟を決め、神農頂のひとつ手前の小高い山の斜面を登り始めた。ガイド嬢はすぐにギブアップ。かわりにミニバスの運転手のおっちゃんが、我々に同行した。彼にしても、登るのは無理な話だ、と直前まで大反対していたのだが、最後は我々の熱意に根負けして折れてくれたのだ。とんだツーリストを背負い込んでしまった、といったところだろうか。

実にハードな道だった。いや、道などないのだ。昨日の猴子石への道のりも楽ではなかったが、それでも獣道のようなものはあった。ここはそれさえ見あたらず、一度笹藪に入ってしまうと、前後を見失う。下手をすれば、どちらが上方かさえ怪しくなる。無数の笹竹を両手両足でかき分け、泳ぐように前進する。肉体的な疲労はともかく、精神的に参る。進んでも進んでも藪から出られないときなど、ちょっとしたパニック状態だ。今、突然サルにでも出くわしたら、あるいは二メートルもある怪物に見えてしまうかもしれない、などと思ったりもした。案内役であるはずの運転手のおっちゃんも、どう進んでいいのか皆目見当がつかない、といった表情だ。

藪がとぎれて草地に出た。小山のてっぺんである。さらに見上げれば神農頂。一時間以上は登りつづけていたのに、その頂ははるかかなた。いっこうに近くならない。我々は休憩すべく、腰を下ろした。おっちゃんがタバコに火を着けたのを見て、ウメキ隊員も、なんや吸うてええんかいな、と持参した「中南海《ちゅうなんかい》」（タバコの銘柄）を一本取り出した。本当はダメである。カップラーメンの容器のような化学製品を投棄したり、火気厳禁のエリアでライターを使ったりと、そこらへんの規制はルーズなのだろう。国家級の自然保護区内で生活する人々からして、そうなのである。

ふと、向かいの山の尾根に、数人の人影が動いているのが目にとまった。観光客ではないようだ。手に何か道具を持っている。おそらく測量でもしているのだろう。ほかに音がしないので、彼らが大声で話している声までよく通る。一九八一年のあの日、樊井泉が胡振林に向かって「〝野人〟だ！」と叫んだとき、くだんの未確認生物の耳にもその声は届いたに違いない。〝野人〟と呼ばれたモノは、それにどのようなリアクションをとったのだろうか。

とにかく目撃者のひとり、袁裕豪氏に会えばわかることだ。我々は下山を決めた。車道に停めてあったミニバスに戻ったのは、正午のことであった。

景勝地めぐり

「会えないだって⁉」

「小龍潭」地区に戻り、カップラーメンで昼食をおえた我々に、ショッキングな知らせが飛び込んできた。ガイド嬢の説明によれば、昨日、インタビューの約束を取り付けたはずの袁裕豪氏に連絡がつかず、今後のアポが取れないというのである。我々は脱力した。もし実現したなら、この探検旅行のメイン・イベントとなっただけに、落胆は大きかった。

袁裕豪氏といえば、例のＶＣＤ『神農架〝野人〟探奇』でも取材を受け、〝野人〟目撃証言者として出演している。身元がしっかり判明している目撃者に会えるなんて、めったにないことだったのだ。

次はいつ連絡がつくか、全くわからないというので、今回は断腸の思いで諦めることにした。我々の予定している滞在時間も、残り少なくなっていた。気を取りなおし、最後に神農架自然保護区内の観光スポット巡りをすべく、ふたたびミニバスに乗り込んだ。

最初に訪れたのは、「金猴嶺《きんこうれい》」地区。小さな滝や、さらさら流れる小川がある、風光明媚な景観地区だ。立ててそうは経っていないであろう、大きな看板の説明書きによれば、ここは金糸猴が主

金猴嶺。ここは完全に観光スポットとなっているようだ

に棲息するエリアなのだそうだ。我々のほかにも、五、六人の中国人ツアー客が、やはりガイドに伴われてどやどやとやって来て、盛んに記念写真を撮りまくっていた。みな中年の、おっちゃんやおばちゃんである。なんだか、（季節は違うが）日光に紅葉狩りに来たかのような錯覚におちいってしまった。我々はしばし、ハイキング気分を楽しむこととなった。ただし、金糸猴はおろか、ほかのどんな野生動物の姿も、見ることはなかった。

午後三時をまわり、ふたたびミニバスに乗り込む。「大龍潭《だいりゅうたん》科学考察站」を目指して未舗装の細い山道を走っていると、また雲行きが怪しくなってきた。昨日と同じパターンだ。雨で崖の土がゆるくなり、崩落しないとも限らない。本格的などしゃ降りになる前に、早く目的地に着いて休むに

カラフルなパラソルの下で野鳥観察をする胡振林氏

越したことはないだろう。そんなことをぼんやり考えていると、突然、ミニバスが止まった。運転手が降りてみろと促している。わけもわからず、我々は外へ出た。すると、道から数メートル藪に入った下り坂の斜面に、野鳥の観察をしているとおぼしきひとりの中年男性の姿があった。野鳥に気づかれないよう、じっと動かずにビデオカメラを回しているようだ。迷彩服に迷彩帽、しかしカラフルな極彩色のパラソルで小雨をしのいでいる。かなり目立つ。我々の存在に気づき、振り返ったその顔は丸く、人の良さがにじみ出ていた。

彼こそ、「大龍潭科学考察站」の職員にして動物学者、そして一九八一年のあの日、神農頂にて袁裕豪らと共に行動しながら、ただひとり〝野人〟を見損なった悲しき調査隊員、胡振林その人だったのである。

3 動物学者・胡振林氏へのインタビュー

大龍潭科学考察站

胡振林氏の名は、〝野人〟関係者のあいだでは比較的よく知られているようだ。陳人麟《ちんじんりん》『神農架探秘』（科学出版社、一九九五）、前掲の杜永林『野人――神農架からの報告』、郗《ち》仲《ちゅう》平《へい》原作、海《かい》嘯《しょう》・善琨《ぜんこん》・蔚元《うつげん》挿絵『野人之謎（全集）』（中国三峡出版社、一九九六）などに、それぞれかなりページを割いて、胡振林氏のことが紹介されている。特に連環画（中国の漫画）である『野人之謎（全集）』には、実に九ページにわたって、若き日の胡氏がいかに〝野人〟を追い求めるようになったかが描かれている。

胡振林氏がミニバスに同乗してからほどなくして、ミニバスは「大龍潭科学考察站」に到着した。横に細長い平屋の建物が二棟、L字型を描くように建っていた。胡氏の案内で、我々はまず、

大龍潭科学考察站・展示棟

「展室1」〜「展室5」と朱書された五つのドアがならぶ建物へ入った。「展室1」から「展室4」までの各展示室には、胡氏の撮影による神農架の動植物の写真パネルなどが、キャプションつきで掲示されていた。〝野人〟や神農架関連の図書などで見覚えのある写真も、多数見受けられた。〝野人〟についての資料はすべて「展室5」に集められ、毛髪とおぼしきものの標本、足跡の石膏型などと一緒に、復元された北京原人やネアンデルタール人の頭部の模型なども、展示されていた。なるほど、まさに動物学者の手による資料館といった趣である。

ひととおり見学をおえると、今度は「神農架国家級自然保護区大龍潭科学考察站」との看板が掲げられた建物のなかへと通された。内部のようすはというと、その仰々しい看板の文句とは裏腹

大龍潭科学考察站・外観。玄関前にいるのが胡振林氏

に、生活臭漂う、一般の民家の内部を思わせるものだった。胡氏は、ここを根城《ねじろ》に野生動物などの観察をおこない、暮らしているのである。

居間に通され、細君らしき女性が我々にお茶をふるまってくれた。胡氏は紳士的で柔らかい物腰で、異国の珍客である我々の突然の来訪を歓迎してくれた。同じ〝野人〟を追う者でも、先日の張金星氏とは、かなり違う印象を受けた。

〝野人〟との出会い

ひととおりの雑談をおえ、私が〝野人〟についてのインタビューを申し込むと、胡氏は快諾してくれた。

外は本格的な雷雨となった。激しい雨音。ときおり雷鳴が合いの手を入れる。

まず〝野人〟の足跡を発見したときのようすを

たずねてみる。胡氏は私の目を見ながら、ゆっくりと語り始めた。

「あれは一九七二年十二月中旬のことです。雪の上に残っている謎の足跡を発見しました。私の靴よりも一・五倍ほども大きかったですね。足跡をたどって一〇〇メートルほど行きましたが、途中で怖くなって引き返してしまいました。当時はまだ〝野人〟についてあれこれ取りざたされてはいませんでしたから、私はそれが何であるかわからず、非常に悩んだものです。のちに（一九七六年）、国家が調査隊を組織し、奇異動物——人々がいうところの〝野人〟を捜索しましたが、それこそが私の発見した足跡の持ち主なのだと知ったのです」

『野人之謎（全集）』より。漫画化された若き日の胡振林氏

胡氏の〝野人〟探しはその四年後にスタート

『野人之謎（全集）』より。山中に謎の足跡を追う胡振林氏

する。

「私は一九八〇年に国家の調査隊に参加しました。私がかつて発見した足跡が、いわゆる〃野人〃という直立二足歩行の巨大な生物のものであると一九七六年に知り、一九八〇年にふたたび調査隊が組織されたときには、すぐさま参加しましたよ。調査によると七〇年代から八〇年代、そして今にいたるまで、この種の動物（〃野人〃）を目撃した人は四〇〇人ほどいます。目撃者のなかには、山に暮らす住民もいれば、幹部クラスの人間、またある程度動物学の知識がある者もいます。彼らはみな一様に、巨大で直立二足歩行をする動物だったと証言しているのです」

胡氏は自身が参加した一九八〇年の調査隊を、第二回目と認識しているようだが、書物などによってはこれを第三回目とするものもある。胡氏は一九七六年の調査隊と翌一九七七年のそれを、まとめて一回とカウントしているのだろう。

つづけて、氏は〝野人〟と呼ばれるモノについて、動物学者の立場からその正体についての自説を語ってくれた。

「人々はみな、それを〝野人〟と呼んでいますが、我々科学研究者は一種の巨猿《きょえん》(ギガントピテクス)であろうと考えています。かつて、中国における巨猿の分布は比較的広い領域にわたっていました。第四氷河期がおわるころ(約一万年前)、パンダは中国の広い地域に分布していましたが、今でも四川、秦嶺《しんれい》山脈に生きつづけています。ですから巨猿が神農架を選び、生きつづけているという可能性もあるわけです。というのも、研究の結果、神農架は氷河期の影響をあまり受けなかったということがわかっているからです。ここで発見される多数の生きた化石、古代からの植物群は、みな氷河期時代にあったものです。現在、神農架にはまだ相当数、かなりの種が絶滅せずに残っており、このことは神農架における氷河期の影響の少なさを物語っています。また、神農架の地理的条件は特殊で、その最高点は海抜三一〇〇メートル、最低点は三八九メートルで、その差は二〇〇〇メートル以上もあります。このような状況のもとで、生物は最適の気候の区域を選ぶことができます。氷河期もなきに等しく、神農架という土地は、巨猿の生存を可能にしてきたといえます」

「さて、巨猿の存在の可能性について、今までは神農架の自然条件から分析してきましたが、今度は彼らの食物の状況についてお話ししましょう。神農架地区は道路が開通し、森林は開発されましたが、ある地域はまだ自然が残っており、豊富な食物もあるよい環境です。我々の研究結果から、彼らは雑食性の動物であることがわかっています。山の竹でさえ、彼らの食物なのです。そのほか、神農架の山中に豊富にある松の実や栗なども食べます。これらも彼らを生き延びさせてきた条件のひとつです。二〇〇〇メートルの海抜差の活動範囲には、洞窟、渓谷などがあり、食料となる植物も豊富です。それゆえに、彼らは神農架を選択し、生き長らえてきたのです」

〝野人〟の存在を示す物証

氏は、神農架の特殊な自然条件を根拠に、巨猿の存在を信じておられるようである。なるほど、環境的には可能性があるとして、ではその存在を裏づける状況証拠はどうなのだろう？

「神農架の伝説にはそのたぐい（〝野人〟）についてのものがありますが、理論・実際の両面から見ても根拠があり、信用に足るものもあると思います。数百人もの人が目撃していますが、全部が全部ウソだとはいいきれません」

「私は調査中、比較的科学的に依拠できる物証――毛髪を採集しました。毛髪は科学測定を受け、微量元素の含有量が調べられました。微量元素は、採集された土地によって差異がありましたが、その細胞構造の配列から見ると、人類や類人猿に近いものでした。ヒトとも、現代のどの類人猿とも異なっていましたが、同じ系列上に属するものです。細胞構造の配列を顕微鏡で分析した結果、直立二足歩行の動物であるとわかりました」

「先ほど展示室でご覧になった化石の模型――かつて中国で、一七〇〇片以上の巨猿の顎骨のかけらと、ふたつの不完全な下顎の骨が発掘されたことがあるのですが、展示してある模型は、アメリカの生物学者と我々中国科学院が協力し、その下顎の骨をもとに復元したものです。現代の科学技術では、一個の骨からでも原型を復元できますからね。人々の報告例にある（〝野人〟の）体格はのっぽであるとのことですが、アメリカの生物学者が復元した模型も、人間の背たけの二倍の高さでした。人々は目撃した背の高いモノを〝野人〟と呼びますが、実際のところは〝巨猿〟なのです」

最後のくだりに象徴されるように、胡氏はインタビュー中、極力〝野人〟という単語を使うまいとしているようだった。「人々がいうところの〝野人〟」「人々はそれを〝野人〟と呼ぶ」といった

筆者のインタビューに答える胡振林氏

以外は、「巨猿」「それ」と呼称している。動物学者としてのこだわりなのであろうか。世間では眉唾物的ないかがわしい響きを持ってしまった〝野人〟ということば。胡氏が相手にしているのは、伝説に生きる〝野人〟ではなく、生物としての巨猿なのであった。

「科学者」としての主張

私は、神農架の〝野人〟の個体数は減っているのではないかと質問してみた。

「七〇年代から八〇年代の初め、道路が通り、神農架は開発され、木材として森林が伐採されるようになりました。〝野人〟が発見されるようになったのは、その過程においてです。現在は国家によって、森林の伐採は禁止され、自然保護区が設けられています。この自然保護区の範囲内で、もし生態環境が破壊されずにいたら、彼らはまだ生き延びていくことができるでしょう。現在の個体数はきっと少なくなっているでしょうが」

最近、〝野人〟が発見されたとの報告はないのだろうか？

「ないですね。一番新しいもので一九九三年の報告例があります。その後は、そのような消息は途絶えました」

私はここで、今回の探検の発端ともなった〝雑交野人〟のように、人間と〝野人〟とのハーフが生まれたという話を聞いたことはないかとたずねた。二十年近くも調査をつづけている氏のことである。寄せられた〝野人〟情報は、それこそ腐るほどあるに違いない。うわさ話のレベルでも、それに類するおもしろい話が引き出せれば幸い、と考えていた。

「伝説でならば、そのような話はあります。民間説話には、そのようにいっているものがありますね。しかし実際問題、科学的調査をしてきたなかで、そのような事実はありませんでした。

あなたは古代文学がご専攻でしたね。それなら『山海経《せんがいきょう》』をご覧になるといい。そのような記載がありますから。〝雑交野人〟についてのニュースは、正確ではありませんね。デタラメです。あんな話、聞いてはダメですよ。科学的にまったく根拠のないことです」

〝野人〟に関するいわゆる風説・うわさのたぐいは、それがどんなに物語としておもしろくても、科学的ではない以上、あまり話したくはなさそうであった。私はつづいて『チャイニーズドラゴン』の例の記事を出し、神農架の山に潜り、〝野人〟のように生活した人間の話を知らないかと聞いた。

「そんな事実はありません。無責任な記事ですね。科学者たるもの、かならずや事実にもとづいて真理を見極めなければなりません。いくつかの〝野人〟にまつわる話は、完全に文学的にプロットを練られたものです。創作されたものです。デタラメですね。そんな話、耳を貸してはいけません。何人かの物書きたちが、利益をむさぼるためにしていることです。社会に対して無責任な輩《やから》のやることです」

おっと、かなり手厳しい。しかし、これも〝野人〟に対するスタンスの取りかたのひとつなのである。いかさま話を野放しにすることは、科学者として、いや一個の人間として許すわけにはいかない、というわけだ。真摯な態度であるといえるだろう。一方、それを売り物に商売をしているという、うしろめたさがあるからなのか、観光会社の社員たるガイド嬢は、ばつが悪そうに部屋の隅で小さくなっていた。

先日私が松柏鎮で買い求めた、数々の〝野人〟目撃談や調査の歴史が紹介されている書物の一冊(『野人——神農架からの報告』)を提示したとき、胡氏はこう語った。

「その本は参考にしてもいいと思います。編著者の杜永林は当時の調査隊の隊長だった人ですからね。しかし一〇〇パーセント事実というわけではありません。キチンと資料を調査した上で書かれたものもありますが、科学的考証を経ていない内容も含まれています。ちょっと参考にする程度ならいい、としかいえませんね」

その本には、〝野人〟の肉を食った男の話も載っている。これについてもたずねてみた。

「例えばその本には、房県県長の賈文治《かぶんじ》という人物が、(〝野人〟を)一頭殴り殺し、誰かに送り届けたとかありますね。これについては、本人が探し出せません(賈文治は一九六七年没といわれる)。科学研究にたずさわる者ならば、かならず本人に会い、さらにその証人も探し出さねばなりません。そこまでして、初めてその事件の真相を語ることができるのです。もし科学的にこのことを証明しようとするなら、確固たる証拠が必要不可欠です」

この本の内容以外に、〝野人〟にまつわるうわさ話の類を聞き出そうとしたが、胡氏はピシャリとひと言、こう返したのみだった。

「本にあるお話がすべてです。ほかにはもうありません」

〝野人〟調査の今後

私は質問を変え、〝野人〟調査の現状についてたずねることにした。現在、何人くらいの〝野人〟調査隊員が活動中なのだろうか?

「過去に国家が組織した正規の調査隊は、第一回が百人あまり。第二回が三十人あまりでした。私が参加したのは二回目です。でも結局、国家はこのプロジェクトに対してトーンダウンしてしまい、さまざまな機関から派遣されていた専門家や教授たちも、みな去っていってしまいました。しかし、私はそれまで得た資料や、我々の調査の結果から、その種の生物が神農架地区にまだ存在していると判断し、当地の政府にそう訴えました。それ以降、私はずっと〝野人〟調査をしつづけているのです。今では、我々のこの調査所があるだけです。ここにはたった三人しかいません。だから容易じゃありませんね。こんなにも広い範囲ですから。神農架は三二五〇平方キロメートルあり、〝野人〟の活動区域もこのなかで広範囲にわたっています。四川の大巴山《だいはざん》の東側にも、巫山《ふざん》にも（ともに現在は重慶市に属す）報告例があります。先ほどお話しした毛髪は四川のほうで採集されたものです。こんなに広い範囲で、この動物を探しだすのは至難のわざですよ。例えばこういうことです。神農架には金糸猴が数百匹いますが、あなたがた五人が数ヶ月かけても見つけだすことはできないでしょう。なぜならあなたがたは、彼らの生態についてご存じないからです。同様に、狼・豹・虎・熊・猪も少なからず棲息していますが、あなたがたにはそれらを探しだすことも難しいでしょうね」

いくら動物が専門とはいえ、生態のよくわかっていない〝野人〟を、たった三人で探さねばならない大変さを、胡氏はそう語った。

今、〝野人〟調査を続行しているのはここだけ、と氏はいっていたが、では、たったひとりで山にこもっている張金星氏の立場はどうなってしまうのか？　私は、数日前、松柏鎮であの〝野人〟

ハンターに奇遇したことを胡氏に伝え、彼を知っているかとたずねた。氏は笑いながらこう答えた。

「はははは、知ってますよ。彼と私とでは活動の内容が異なります。私は科学的方法に従い、調査に従事している者です。AはA、BはB。事実だけを語ります。科学に関することについて、適当にいい加減なことをいってはいけません。実際に起こってもいないことを、さも事実のように話してしまう……。事実をキチンと見つめ、真実を見極めなくてはいけませんね」

これは暗に張金星氏を批判しているのだろうか。張氏がこれまでに発見してきた足跡についても、否定的な見方をしているのかもしれない。あちらはただのマニアで、こちらは科学者なのだと、胡氏はいいたげであった。そこで彼の専門について聞いてみた。

「現在はおもに野生動物に関する研究調査です。奇異動物（〝野人〟）もそれに含まれます。一番に重点を置いているのは、金糸猴ですね」

今後の活動内容はどうなっているのだろうか？

胡振林氏を囲んで記念写真。左からサイトー隊員、イノウエ隊長、ウメキ隊員、筆者、胡振林氏、スギウラ隊員

「八〇年代初期に終息してからというもの、本気で調査に取り組む人はいなくなってしまいました。我々は山のなかに居つづけていますが、〝野人〟調査だけを専門にすることは許されていません。現在、学会ではその存在について賛否両論があるからです。国家も正式な研究項目としては設けておらず、経費も出してはくれないので、すべて自費に頼っています。我々は自然保護区内の科学調査所で、野生動物の総合的研究を進行中です。そのなかには〝野人〟も含まれます。野外で観察をし、記録をつけています。毎日山のなかをあちこち歩き回っては、（〝野人〟との）遭遇の機会を探しているというわけです」

穏やかな語り口ではあるが、自分は科学者であるというプライドがことばの端々にちりばめられていた。このインタビュー中、胡氏の口から一番多く発せられた単語が「〝野人〟」ではなく、「科学」であったことからもそれがわかる。あくまで客観性を重視し、疑わしきモノは排除していく姿勢を崩すことなく、二十年近くもここで研究をつづけているのだ。

今年五十五歳になるという胡氏には、現在重慶大学で研究生活を送っているご子息がおられるそうである。その彼と同年代の我々が、四川大学から遠路はるばる訪ねて来たことを、たいそう喜んでおられた。一緒にしゃべっているうちに、自分の息子と話しているような気になりました、とのことである。

雨のなか、例の大きくカラフルなパラソルで、我々はミニバスまで送っていただいた。動きだした車窓から見える迷彩服の胡氏が、徐々に小さくなっていくのを眺めながら、私はいろんなことを考えていた。

科学。

それは〝野人〟の敵なのだろうか、味方なのだろうか。

ガイド嬢が、神農架の民謡を車中で披露してくれた。

我々は自然保護区をあとにした。

4　さらば、神農架

観光と〝野人〟

自然保護区のゲートを出て、ミニバスは鴨子口《おうしこう》の「神農架林区公安局旅遊派出所」「神農架国家級自然保護区鴨子口資源保護検査站」などという看板が掛かった小屋の前で止まった。『神農架報』という地元のPR新聞のバックナンバーを置いているとかで、私も何部か購入した。〝野人〟以外にも、神農架には〝九頭鳥《きゅうとうちょう》〟なる怪鳥も棲息しているという記事もあり、今度はそれを探しに来なくちゃな、と我々は笑った。〝九頭鳥〟もまた、古代の詩文に散見される、伝説にその出自を持つ動物である。

ところで、今回の我々のように、一般の外国人が神農架自然保護区に足を踏み入れることができるようになったのは、ごくごく最近のことなのである。

車窓から見た神農架自然保護区の山々

神農架が、国家級自然保護区に指定されたのは一九八六年。例の〝雑交野人〟の映像が撮影されたとされるのも、この年である。その四年後、一九九〇年には国連ユネスコの「人と生物圏保護区」に指定されている。一九九二年、世界銀行の「生物多様性保護」の資金援助項目にも入った。同年、長江三峡ダム建設計画を受け、旅行事業開発の必要に迫られ、神農架林区の木魚鎮を中心にした「木魚旅遊開発区」が建設されている。

そして、現在のところ最後の〝野人〟目撃事件(三頭出没)が起こったのは、そんなさなかの一九九三年九月三日のことであった。計画出産政策を逃れるため、山中で〝野人生活〟をしていた一家が下山したといわれるのも同じ一九九三年。

翌一九九四年、国務院の批准を経て、神農架自然保護区は対外開放される。〝野人〟ハンター張

神農架自然保護区・入場チケット

金星氏が山に入ったのもこの年だ。

一九九五年四月一日、中国の国営テレビ放送である中央電視台で『〃野人〃調査隊、神農架へ行く（野考隊将赴神農架）』という番組が放送される。同年、神農架を紹介する書籍類が出版ラッシュを迎える。神農架の観光地化への準備が、急速に進んだのもこのときらしい。

一九九六年、神農架自然保護区内で、五月と七月にふたつの旅行イベントが、あいついで開催される。例の「神農架〃野人〃夢園」が完成したのも実にこの年である。これら一連の動きはみな、一九九七年の中国国際旅遊年を見据えてのものであった。同年七月の香港返還をも視野に入れ、中国内外に観光地としての神農架を大いにアピールする目的もあったようである。

一九九七年になってからの動きは、ＶＣＤの発売、〃雑交野人〃報道の盛り上がりなど、すでに見てきたとおりである。私ははからずも、数年がかりの神農架観光キャンペーンのピークの時期に留学するという幸運（？）に恵まれた、というわけだった。

生まれ変わる〝野人〟の町

——急ピッチの観光地化。

なるほど。それでこんなにリゾート地のような建物がならんでいるのか……。

午後六時。ふたたび戻ってきた木魚鎮で、やたら新しい建物群を見て、あらためてそう思った。旅行社でバスを降りると、運転手やガイド嬢に礼をいって別れ、先日と同じ招待所で宿泊の手続きをした。部屋でベッドに寝そべり、テレビから流れてくる日本のアニメ『ちびまる子ちゃん』を、ぼんやりと眺める。中国で人気のある日本アニメのひとつだ。なんだか不思議な感じがする。まる子が中国語でしゃべっているからではない。こんな山奥の街で、しかも小さな安宿の部屋で、香港資本の放送局を視聴できるとは思わなかったからである。それは四川大学の留学生寮でさえ、見られない局であった。これから増えゆくであろう、都市部からのお客様へのサービスのひとつなのだろうか。

シャワーが故障しているというので、諦めて、我々は街へ食事に出た。やはり先日と同じ、にわか商売を始めたばかりのような母娘の店へ。麻婆豆腐を注文したら、豆腐を買いに東奔西走したあげく、「ない」といわれた。餃子を頼んだら、粉からひき始めた。あまりの純朴さに怒る気もせず、テーブルについてから一時間半後にようやく料理が出てきたときには、思わず笑ってしまった。この前は広東人《カントン》の客に騙されちゃってね、とおかみさんはニコニコしている。このさき大丈夫だろうかと、余計な心配をしてしまった。

明日には神農架を発つ。

食後、旅行の総括を兼ねて軽い反省会を開き、ベッドに潜り込んだ。テレビでは常盤貴子が愛嬌を振りまいていたが、私はいつしか眠りに落ちていた。

四　〝野人〟、経済特区に襲来す

1　一九九八年〃野人〃狂想曲

やまない〃野人〃報道

四月二十四日朝、我が探検隊はその任務をおえ、神農架木魚鎮にて解散した。

イノウエ隊長、ウメキ隊員は当地にもう一泊した後、同じ湖北省・襄樊《じょうはん》に向かった。私とスギウラ隊員、サイトー隊員の三人は神農架からバスで南下し、長江を上る生活船に乗り込み、重慶経由で成都へ帰り着いた。実に乗船してから三日後、四月二十七日昼のことである。「帰去来」の清湯《チン》炸醤麺《タンジャージャンメン》で腹を満たすと、留学生寮に帰り、ほぼ一週間ぶりにシャワーを浴びた。

私の旅はおわった――はずだった。

本来なら、私のレポートはここで筆を置くはずだったのだ。しかし……。

〃野人〃の霊（?）は私に取り憑いて、離れなかった。その後も定期的に〃野人〃や神農架の情報が、私の耳に入って来たのである。順に挙げてみよう。

＊

探検旅行がおわって間もない、一九九八年五月十一日、『成都商報』紙上に小さな記事が掲載された。見出しは「〝野人〟が存在する可能性は極めて大きい」というもので、「中国科学探検協会奇異珍稀動物考察専門委員会秘書長」の王方辰《おうほうしん》氏の、「〝雑交野人〟はインチキであったが、だからといって〝野人〟そのものの存在が否定されたわけではない」との談話を紹介している。

神农架“野考”发现越来越多的证据，专家称——

“野人”存在的可能性极大

本报宜昌消息 针对10多年前就已发现的“猴娃”被一些媒体弄成“杂交野人骗局”的新闻事件后，当年“猴娃”的发现者之一、中国科学探险协会奇异珍稀动物考察专业委员会秘书长王方辰说：此事并不能证明“野人”不存在。相反，近期在神农架的有关考察中不断有新的发现：越来越多的证据表明，一种奇异的两足行走的不明动物存在的可能性相当大。

王方辰是1995年进驻神农架的由中国科学协会等单位组织的神农架“野人”考察队的队长。他说，自考察队进人该地区以来，仅在神农架就发现过至少4次“野人”脚印及其他痕迹，并且都很新鲜，最近的一次在1997年底，一直坚守神农架的考察队员发现了40多个新鲜“野人”脚印，并被恰巧来此采访的湖北电视台记者郭跃华拍摄。

王说：在长江中上游地区这种奇异的不明动物确实存在过，是不是“野人”，能不能归到人科，是不是灵长类，那得抓住以后再说，目前可以明确的是群众中流传的这种东西肯定存在，而且是两足行走，只是尚未搞清楚到底是什么东西。最起码，这种东西过去肯定有，长江流域发现的众多古猿、古人类、巨猿化石有助于说明这一点。现在的考察就是建立在这种奇异动物目前还存在的基础上的。

王方辰最后说，对于“野考”，应该有一种冷静、客观的科学态度。不能仅仅是猎奇、追求轰动效应。简单地说，“野人”有没有，一切应该让事实说话。 （和作社）

『成都商報』記事（1998年5月11日）

　ごもっともだが、あたかも神農架帰りの我々に弁解しているかのような、絶妙のタイミングであった。ちなみに王氏は、あの〝雑交野人〟の映像を撮影した張本人である。王氏は、足跡の発見を例に挙げ、それを根拠に生存の可能性の大きさを説いてい

神農業架切手・4種

る。また、ちまたで〝雑交野人〟のようなデマが飛び交い、うさんくさい情報があれこれ錯綜していることを非常に憂慮しており、もっとクールになろうよ、ともいっている。客観的・科学的態度を持とうよ、ともいっている。

記事のラストに見える王氏のシメのセリフがイカしている。いわく「〝野人〟が存在するか否か、そのすべては〝事実〟に語らせねばならない……」

＊

夏に成都の本屋で買い求めた『科普天地』（一九九八年第九期、科普天地雑誌社）という雑誌は「'98大陸野人之謎」と題し、まるまる一冊〝野人〟の情報を載せていた。最新ニュースのなかで、あの張金星氏が神農架山中において、二十個以上の〝野人〟の（モノだと思われる）足跡を発見したという記事があった。五月二十四日の出来事らしいから、私たちが

逮住野人　赏你50万

本报湖北消息　神农架林区政府25日正式决定，为尽快揭开神农架“野人”之谜，配合明年神农架国际大巡游，从首发站深圳开始，向国内外推出神农架“野人”探险旅游卡计划。

据悉，凡持卡参加神农架“野人”探险旅游的海内外游客，除得到野外露宿的帐篷、野炊餐具、粮油等生活用品外，对于逮住一个活体“野人”者，重奖人民币50万元；获得一个“野人”尸骨者，重奖5万元；拍下“野人”照片或录像片者，奖3万至1万元；获取“野人”的毛发和粪便者，奖1万元。　　（申文）

『成都商報』記事（1998年11月27日）

インタビューをしたほんの一ヶ月後のことである。

*

同じころ、私は四川大学内の郵便局で、神農架の記念切手を購入した。「山峰」「峡谷」「原始森林」「高山草原」の計四種類。残念ながら「〝野人〟」モノはなかった。

*

話は日本へ飛ぶが、九月一日から三日間にわたり、ＮＨＫ教育テレビの『ＥＴＶ特集』で「幻の動物たち」というシリーズを放送した。パーソナリティはデーモン小暮氏と荒俣宏氏で、中国の〝野人〟についても九月三日の放送分で扱われた。そこへ、あの動物学者・胡振林氏もＶＴＲ出演し、一九八〇年に〝野人〟のものと思われる毛髪を採集したときの模様を語っていた。

*

十一月二十七日、『成都商報』に「〝野人〟を捕まえたら賞金五十万元」との見出しが踊った。神農架林区政府は、国内外に向けて神農架をアピールするため、「〝野人〟探検旅行カード」を発行することを、正式決定したという。このカードを持って神農架旅行に参加すると、〝野人〟生け捕りの場合五十万元（約七〇〇万円）、死体発見で五万元、写真撮影で一～三万元、糞や毛髪発見で一万元の賞金がもらえるというものである。過去、〝野人〟に懸賞金が懸けられたことはあるが、その金額を見て、ついにここまできたかという思いを強くした。

張金星が雑誌の表紙に!

極めつけは、これである。十二月十七日の午後、私が成都にオープンしたばかりの大きな書店を訪れたときのこと。店頭に並ぶある雑誌のカバーボーイ（？）――どアップで写っているその人物に、私の目は釘づけとなった。

――張金星!?

忘れようとしても忘れられない、あの髪もヒゲもボーボーのかんばせが、そこにあった。コラージュではあるが、その背後にはなぜか白い鳩まで飛んでいる。

『深圳《しんせん》風彩週刊』（週九十五期、総二五二期、深圳特区報出版社）と書かれたその雑誌をあわてて手に取ると、「誰が神農架〝野人〟の謎をあばくのか」という特集記事が、実に十ページにわたって掲載されていた。おもに過去の目撃談から構成され、張金星氏のことも「伝奇人物」としてかなり

『深圳風彩週刊』表紙（右）・裏表紙（左）

のページを割いて紹介している。第二章でも触れたが、執筆者の余生なる人物も、彼のインタビューには手こずったらしく、「長年（山中で）孤独な生活を送っているため、張金星の言語コミュニケーション能力は下がってしまい、その話は常に聞き取りにくい」と記事のなかで告白している。

同誌の最後の一ページには、上記の『成都商報』でも報じられた〝野人〟ハントツアーの案内があった。例の「〝野人〟探検旅行カード」は、向こう二年間有効で一枚五百元（約七千円！）である。このカードさえあれば、神農架の観光施設の入場料や、招待所の宿泊費が半額になるらしい。しかし早い話が、このカードを購入しなければ、たとえ〝野人〟を見つけても、びた一文もらえないというわけである。限定一万枚を発行するらしい。あこぎな商売である。

そして次に私の目に飛び込んできたのは、裏表紙の広告だった。

――神農架〝野人〟秘踪大展

千年に一度！　〝野人〟が深圳にやって来る！

なんですとぉー!?

どうやら今から十一日後の十二月二十八日から、広東省・深圳市の深圳博物館において〝野人〟の展覧会（!?）が開催されるらしい。主催は深圳市智慧鳥《ちえちょう》実業発展有限公司・深圳市野生動物保護管理站・神農架林区科学技術委員会とある。同誌のこの特集記事も、それを盛り上げるためのモノだった。一気に頭に血がのぼった私は、その日のうちに第二次〝野人〟探検隊を組織した。前回の仲間、イノウエ隊長とスギウラ隊員は留学期間をおえ、すでに帰国してしまっていた。サイトー隊員は非常に関心を示したが、諸事情により今回は同行を断念した。結局ウメキ隊員と、新たに加わった弱冠二十歳の女子大生・ヤマダ隊員の、総勢三人で、旅支度をすることとなった。

2 深圳博物館「〝野人〟秘踪大展」

張金星との再会

一九九八年の暮れも押し迫った十二月二十七日午後七時半。私、ウメキ隊員、ヤマダ隊員の三人は、深圳の空港に降り立った。ヤマダ隊員のお父上は、某日本企業の深圳支社に勤務されており、市内のマンションに住んでおられる。お父上のご厚意で、我々も数日そこへご厄介になることにした。マンションへ向かう車のなかから、私はネオンがきらびやかにまたたく繁華街や、高層ビルが林立するオフィス街をずっと眺めていた。

こんな大都会で、なぜ〝野人〟なんだろうと自問自答しつづけながら――。

明けて二十八日、バスに乗り、午前九時半ごろ、深圳博物館に到着。アドバルーンが何本も上がっており、それぞれ「神農架よいとこ一度はおいで、風光明媚で〝野人〟もおるでよ」風のコピー

深圳博物館前・何本も上がるアドバルーン。看板の横に立つ我々。
左から筆者、ヤマダ隊員、ウメキ隊員

が書かれていた。博物館の壁面には、赤地に白で染め抜かれた「中国神農架〝野人〟秘踪大展」の大きな垂れ幕がかかっている。来月十三日までの公開らしい。一階入り口の両サイドには鮮やかな色の花々が飾られ、真紅のチャイナドレスを着た女の子たちが六人。その前には、無人のパイプ椅子が三列ほどならべられていた。

　あれれ、開幕式は終わっちゃったのかと心配していると、学芸員の青年が、十時から始まるよと教えてくれた。それなら待とうと、我々は近くの縁石に腰を下ろした。

　と、不意に彼はあらわれた。仙人のように長い髪とヒゲ。迷彩色のシャツとズボン（やはり裾の長さがちぐはぐ）。「貴賓」と書かれた胸章をつけてはいるが、八ヶ月前に神農架で会ったときと、ほとんど変わらぬ出で立ちの張金星氏の姿が、そこにあった。それにしても思わぬ場所での再会である。

「ややあ、久しぶりじゃのう！」

我々のことを覚えていてくれたようだ。私がそのとき撮った写真をプレゼントすると、たいそう喜び、お返しとばかりに、自身が表紙を飾った例の雑誌を、得意げに私に手渡して

深圳博物館・外観

再会を果たした張金星氏と筆者

くれた。

まもなく開会式が始まった。先ほどの椅子はいつの間にやら、スーツ姿の男性たちで満席となっている。テレビ局のカメラも何台か来ていた。壇上にはチャイナドレスの女の子たちばかりか、着ぐるみの〝野人〟と、肩からたすきを掛けた金糸猴（！）まで登場し、マイクであいさつする関係者を取り囲んでいた。式典の進行中も、「貴賓」であるはずの張金星氏は、最後列の座席の後ろに立ったまま、絶えず自前のカメラでパチパチ撮影しまくっていた。完全に「おのぼりさん」じゃありませんか……。

ひととおりのあいさつがおわると（なぜか張氏のあいさつはなかった）、テープカットで式典終了。よほど暑かったのか、おわった途端、金糸猴がかぶりものを外し——子供だった——、まっ赤に上気した顔をのぞかせて、観客の爆笑を買っていた。張氏のまわりには、サインや記念撮影を求めるファン（？）が殺到し、私も容易には近づけなくなってしまった。そのうち、お偉いさんとおぼしき男性たちが、「張先生、こちらです」と彼をガードするように、いずこへか連れ去ろうとした。急いであとを追う。張氏は離れ際、私を見つけると、「あとでまた会おうぞ」といい残し、そのまま人混みの向こうへ消えていった。

しかし、その後いくら探しても彼の所在はつかめなかった……。

右上：着ぐるみの〝野人〟と筆者。後方には着ぐるみの金糸猴も！
左：着ぐるみ〝野人〟全身像
右下：開会式・テープカットの模様

博物館内部・展示風景。壁面には、〝野人〟目撃報告を再現したイラストのパネルが並ぶ

「客寄せ〝野人〟」の悲哀

我々はとりあえず、会場内に入ることにした。チケットは一枚三十元。ヤマダ隊員のお父上が、あらかじめ手配してくださったものである。さて展示内容は……。

「――同じ、ですやん」

ウメキ隊員が低くうめく。私も軽い既視感《デジャヴ》にクラクラした。そのほとんどが、神農架自然博物館や〝野人〟夢園にあったものばかりだったのだ。おそらく、ここまではるばる運んで来たのだろう。張金星氏が最近発見したという足跡や糞便の写真パネルや、目撃談の再現イラストパネルなど、いくらか目新しいものもないではなかったが、後者については雑誌『深圳風彩週刊』のイラストを、そのまま引き延ばして転用した代物である。

——と突然、でかいテレビカメラが私の行く手をふさぎ、女性レポーターがマイクを突きつけてきた。日本人だと気づいたらしく、ぜひコメントを取りたいのだという。しかし本番に弱い私が、リハーサルもなしにしゃべれるわけがない。結局、神農架に行ったことがあるとか、〝野人〟に興味があるとかいう内容のことばを、しどろもどろになりながら、やっとのことで絞りだしたが、キチンとオンエアされたかどうかは、はなはだ疑問である。

博物館内部・女〝野人〟（？）のマネキン

神農架の自然環境紹介のコーナーが一フロア、〝野人〟コーナーが一フロア。そのほかは、神農架の産業紹介のコーナーや、名産品即売会コーナーと化していた。会場の隅に平積みになっていたパンフレットを手に取る。『中国神農架投資指南』とある。Ａ4版オールカラー三四ページの豪華な冊子であるが、なんと「ご自由にお持ち下さい」であった。めくると、中共神農架林区委員会書

『中国神農架投資指南』表紙

記や、神農架林区人民政府区長など、そうそうたる顔ぶれのごあいさつが掲載されている。しかも、全文英文併記という念の入れようだ。神農架を豊富な写真で紹介し、そこにある企業についてもていねいな説明が施されている。巻末には投資項目が列挙され、建設規模や投資額、連絡先などがこと細かに記されていた。

——そういうことかい、神農架。

この時期、神農架から遠く離れたこの経済特区に、静かに眠っていた〝野人〟を引っぱりだしてまで展覧会を開いたわけが、少し見えたような気がした。ここには中国内外の大企業が集中しており、お金持ちも多い。返還されたばかりの香港も、目と鼻の先である。これから開発を進める神農架にとって、スポンサー探しの格好の土地ではないか。

「客寄せパンダ」とはよくいったものである。いや「客寄せ〝野人〟」か……。

張金星氏と話がしたかったが、見つからないので我々は博物館をあとにした。時刻は午前十一時半をまわっていた。

未確認動物と観光

一連の〝雑交野人〟報道、VCDの発売、〝野人〟探検旅行カードの発行……。すべては世間の耳目を神農架に引きつけ、観光客や投資家を呼び込もうとした計画のもとに展開していた。――そういってしまってもいいだろう。かつて、神農架の名を中国内外に広く知らしめることになったのは、実に〝野人〟騒動によってであった。ときは流れ、二十世紀もおわろうとするこの時期、観光地として売りだし始めた神農架が、ネームバリューのある〝野人〟をメイン・キャラクターとして担ぎだしたのは、なるほど、考えられることであった。

神農架で入手した過去の新聞や書籍を読んでみると、九〇年代中ごろから、〝野人〟を目玉とした観光地化を推進していったようすがよくわかる。特に、一九九七年の「中国旅遊年」におこなわれる香港返還と、神農架の目と鼻の先で始まる三峡ダム建設工事とを、最初から視野に入れていたようである。九五年から翌九六年にかけては、神農架紹介の書籍や、〝野人〟を扱った本が出版ラッシュを迎えている。私がせっせと集めまくった〝野人〟本も、やはりほとんどこの時期に世に出たものであった。

いわゆる未確認動物と呼ばれる存在を、土地の観光資源にするという考え方は、なにも神農架に始まったことではない。スコットランドのネス湖に棲むというネッシーや、北アメリカ大陸のロッキー山脈に潜むというビッグフットにしても、おみやげ屋に関連グッズが売られているというし、

北海道・屈斜路湖畔のクッシー像。今でも観光客の人気モノである

遠路はるばる旅行（探検ではない）に来る客は絶えないという。日本でもかつては北海道屈斜路《くっしゃろ》湖のクッシーが騒がれ、今でも町のあちこちにその模型がディスプレイされている。特に近年は、七〇年代にブームであったツチノコ騒動が再燃し、その死骸とおぼしきモノが発見された村では、ツチノコ・ワインを売りだすやらツチノコ音頭を作るやら、おおいに村おこしに貢献しているようである。

　未確認動物の草分け的存在、ヒマラヤの雪男も例外ではない。一九五一年にイギリス人登山家が撮影したとされる雪上の足跡写真が公開されて以来、五〇年代のヒマラヤは、各国の探検隊による雪男捜索に沸いた。当時、多摩動物公園園長だった林寿郎《はやしじゅろう》氏は、一九六〇年に東京大学教授の小《お》川《がわ》鼎三《ていぞう》氏を隊長とする「雪男学術探検隊」に同行したが、その帰国直前にネパールの首都カトマンズの役人と交わした以下のようなやりとりを、著書『雪男――ヒマラヤ動物記』（毎日新聞社、一九六二）のなかでこう紹介している。

私たちは、今回は雪が少なくて新しい証拠とする足跡が発見できなかった、しかし、今でも雪男は本当にいると思っていると答えると、お役人は安心したらしく、

「また、ぜひ雪男を捜しにきてください」と愛想がいい。

ネパールはおもしろい国で、ヒマラヤ登山には入山料金を政府に払わなければならない規則になっている。高い山に登るほど料金も高くなり、エベレスト登山料は三千ルピー、そして、ヒマラヤで雪男を捜すとなると、世界最高峰エベレストに上るよりさらに入山料金が高く、五千インド・ルピー、邦貨にして、約四十万円払わなければならない。だから、財源に乏しいネパール政府にとって、私たちのような探検隊はよいお客様であり「雪男なんていません」といいふらされると、ネパール政府の登山係のお役人は、立場上困るのだ。

彼らは学術探検隊であり、観光客とはいささか違うものの、一九六〇年ごろのネパールでも、雪男は国の重要な外貨獲得の手段であった、ということがうかがい知れる一節である。洋の東西を問わず、いつの時代も未確認動物と土地の観光とは密接につながっているのである。

神農架の功罪

今回の神農架のケースは、観光産業振興の要請から、その広告塔に未確認動物を起用したといえるう、おそらく中国初の試みであったろう。そしてそれは、VCDという最新のメディアと、飛びついてきたマスコミの報道とをうまく利用し、秘境・神農架の名を広くPRすることには、ある程度の成功を収めたといえる。

しかし、その一連のプロモーション展開には、否定的な声も多い。特に、学術的に〝野人〟を研究している学者たちは、おおむね今回の「商業的なにおい」のプンプンする〝野人〟騒動について、一様に眉をひそめているようだ。

未確認動物による観光産業振興は、既存の物理的資源に頼らず、人間のイマジネーションや知的好奇心を刺激する、新しいタイプの観光となりうる可能性を秘めている。しかし、一歩まちがえれば、詐欺同然の商法を生み、現地の自然破壊をも招きうる、といった危険についても、しっかり認識しておく必要があるだろう。

〝雑交野人〟報道における、捏造《ねつぞう》された情報の流布や、高額な懸賞金をかけた商業主義的な探検旅行の扇動など、今回のケースでは感心できない面が多々あった。確かに、神農架の知名度はグッと上がったかもしれないが、送り手側のモラルの問題については、おおいに批判されなければなるまい。

――博物館の展示内容を思い起こしながら、私は複雑な思いで深圳のビル街をさまようのであった。

その晩、市内の「世界之窓」なるテーマパークで、中国ポップスの音楽祭の公開放送がおこなわれ、我々三人も見に行った。大陸・香港・台湾の有名どころの歌手が勢揃いしたさまは壮観だった。香港の超アイドル・劉徳華《アンディ・ラウ》をナマで拝めるとは思わなかった。さすが大都会、さすが経済特別区……。

ゲストとして顔を見せた映画監督の張芸謀《チャンイーモウ》、香港のトップスター・張国栄《レスリー・チャン》らに歓声を上げ、台湾の歌姫・張恵妹《チャンホイメイ》の熱いステージに興奮しつつも、私は同じ街のどこかにいるはずの「もうひとりの張《チャン》」――張金星氏のことを考えたりしていた。

3 〝雑交野人〟ふたたび

香港の雑誌に追跡記事が

嵐のような一九九八年もおわろうとしていた。我々三人は十二月二十九日に香港に入った。すでに〝野人〟展覧会を見てしまった（おまけに〝中華明星《スター》〟たちの豪華共演コンサートを堪能してしまった）今となっては、もはや深圳に用はなかった。二十九日付『深圳商報』紙上に、小さく「神農架'99生態旅遊主題年、深圳で開幕」という記事が載っていたが、あれほど目玉として扱われていたはずの〝野人〟については、ひと言も触れられてはいない。あの『深圳風彩週刊』誌を発行している親会社の新聞、『深圳特区報』にいたっては、どういうわけか記事として取り上げてさえいなかった。

香港島のビジネス街・セントラルを歩いていると、露天の雑誌屋で思いがけないモノを発見した。

『前哨《ぜんしょう》』（一九九九年一月号、香港明力有限公司出版発行）という雑誌の表紙に、あの〝雑交野人〟がバナナをほおばる写真が、カラーで印刷されていたのである。思えば、すべての始まりは、こいつからだった。あれは、かれこれ一年以上前のこと。こんなところでまたお目にかかるとは、少し感慨深いものがある。香港ドルで三十ドルしたが、迷わず購入。

「大陸の〝雑交野人〟の謎」（「大陸的〝雑交野人〟之謎」）と題する記事に、私が初めて知る情報が四ページにわたって掲載されていた。それは、くだんの映像の撮影者本人、王方辰氏に直接取材して書かれたものである。王氏自身が当時得たとされる情報も、ふんだんに紹介されていた。

『前哨』1999 年 1 月号表紙

〝雑交野人〟は名前を「曾繁森《そうはんしん》」（同記事中、「曾繁勝」とも記されているが、音の近いことによる混同であろうか？）という。一九五六年十月二十二日、湖北省長陽《ちょうよう》トゥチャ族自治県白氏《はくし》坪鎮《へいちん》梨《り》坪村《へいそん》という、神農架からほど近い村で誕生した。旧石器時代の「長陽人」

の化石が発見された地である。ちなみに干支は申《さる》(!)。出生時には黒い体毛が生えていたが、三歳のときに姉に脱毛してもらって以来、生えてこなくなったという。言語能力はなし。しかし身体は健康で、雪景色のなか、全裸で駆けずり回っていたそうだ。病気もしたことはなかったが、死の直前には腹をこわしていたらしい。

私が軽い驚きを覚えたのは、生きているとばかり思った彼は一九八九年に亡くなっており(享年三十三歳)、その骨格の分析もすでにおこなわれていたことである。

一九九七年十二月十七日というから、ちょうどちまたで〝雑交野人〟のニュースが盛り上がりをみせていたころだろう。その日、中国新聞社・中国科学技術探検学会・中国UFO研究会(!?)・北京有朋広告伝播中心《ゆうほうこうこくでんぱちゅうしん》による連合調査団の面々が、湖北省長陽県の曾繁森の実家を訪れ、遺骨の貸し出しを申し出ている。最初は、墓をあばくのはトゥチャ族の習俗に反するし、家族を好奇の対象にはしたくないとの理由で拒まれるが、粘りつづけたところ、故人の弟から「研究のためなら、好きにすればいい」と許可が出た。かくして十二月十九日、曾繁森の遺骨は掘り起こされ、北京へ運ばれた。中国科学院古人類研究所の教授、北京医科大学の解剖学の教授など、古人類学・形質人類学・病理解剖学・遺伝学等々、さまざまな分野の権威たちを動員して分析をおこない、出された結論は「〝野人〟との混血ではありえない」というものであった。

しかし曾繁森の骨格には異常が多く、古人類的特徴も見受けられるため、今後もDNA鑑定などの方法を用いて、分析を進めていく予定である、と書いて、その記事はおわっている。

〝雑交野人〟は、こうして「科学」の洗礼を受け、〝一応〟否定された。

正体がわかったというのに、なぜか私の心は晴れず、少し寂しいような気持ちにさえなった。

〝野人〟熱に浮かされつづけた一九九八年は、――おわった。

私は新年を、香港タイムズスクエアでおこなわれた有名歌手・陳慧琳《ケリー・チャン》のカウントダウン・ライブで迎えた。ケリーの声に合わせ、十五秒前から秒読みを開始する。広東語だから、よく聞き取れない。オーロラビジョンに大きく「1999」の文字が表示された瞬間、オーディエンスは総立ちで上を下への大騒ぎとなった。

この香港の若者たちが、神農架を観光する日は来るのだろうか？

〝野人〟はいない？

それから、ちょうど二週間後の一九九九年一月十四日のことである。中国共産党の機関紙『人民日報』に、「神農架に〝野人〟はいるのか？」と題する以下のような記事が掲載された。おりしもその前日、深圳博物館の〝野人〟イベントは終了している。

> 我が国の著名な動物学・古生物学・生命学・生態学・歴史学などの科学者たちは近ごろ、我が

科技专家予以否认
神农架有野人吗？

据新华社北京1月13日电　（记者**李佳路**）我国一些知名的动物、古生物、生命、生态和历史学的科技专家近日说，我国神农架林区不存在野人，以商业炒作方式大规模组织野人探险揭谜活动是一种违反野生动物保护法规的行为。

在近日举行的“生态旅游与生态环境保护专家座谈会”上，与会专家说从70年代以来我国组织了数次有关神农架野人的系统科学考察活动，对有关野人的目击者、发生地、“毛发”、“脚印”等进行了实地考察，没有发现过野人，有些所谓证据是人为伪造出来的。专家指出，从科学角度讲，若有野人存在，一是要有其生存的环境，传说中的野人分布区基本都在针叶密林中，那里没有野人生存所必需的食物条件；二是野人要繁殖后代，必须有一定数量的种群，如果种群数量太小，近亲繁殖，就很难延续下去；三是地球上近万年来，任何人类以外的动物不可能演化为人类，任何人类的群体也不会退化为兽类。

『人民日報』記事（1999年1月14日）

国の神農架林区には〝野人〟は存在しないとの声明を出し、商業主義で大規模な〝野人〟探検隊を組織して謎をあばこうとする活動は、野生動物保護法に反する一種の違法行為であるとした――。

記事は、「神農架の自然環境などさまざまな要素をかんがみるに、〝野人〟は絶対に存在しないのだ！」といった内容がつづいている。これはおそらく、先の深圳でのイベントを受け、〝野人〟の存在を完全否定する記事を載せることで、商業主義でやたら探検をあおる風潮に釘を刺そうとするおもわくがあったものと思われる。

しかし神農架の探検ツアーは、その後も実施されている。張金星氏に会うというオプショナルツアーもあるらしい。真偽のほどは定かではないが、新たな目撃情報らしきものも寄せられているそうだ。

ひと言に〝野人〟といっても、そのアプローチはさまざまである。ある者は単純な好奇心から、ある者は未知の動物を研究したいという学術的欲求から、ある者は人類の起源を中国に求めたいとのおもわくから、ある者はおのれのロマンを追求するがゆえ、ある者は観光産業の広告塔にしたいがため、〝野人〟を追うのである。

そして私はいつしか、生物としての〝野人〟の存在そのものよりも、そんな〝野人〟を語る人々のほうに魅力を覚え、興味を引かれていったことを、ここに告白する。〝野人〟を生む人間の心とは……。すぐに答えを出すのは難しい問題だ。私が中国留学中に背負ってしまった、大きな宿題である。

つづく最終章では、私が遭遇した〝野人〟に関するさまざまな事象を考察しなおし、「中国人の〝野人〟観」といったテーマで話を進めていくことにしよう。

五　中国人の〝野人〟観

1　目撃報告考察

〝野人〞現象を考える

中国神農架の〝野人〞については、生物学・人類学などの見地から、すでに中国内外でいくつかの書籍・論文が発表されているが、いずれも発見された足跡・毛髪（とされるもの）についての分析や、実地調査による生存の可能性の考察、目撃証言の信憑性の審議に終始している。ここでは、それらとはまったく異なるスタンスで〝野人〞へのアプローチを試みることにしたい。すなわち、記録された目撃証言や、〝野人〞を描いた同時代の文学作品を細かく眺めることにより、そのなかから中国人の心に潜む〝野人〞イメージを読みとってみようというものである。

中国奥地の原生林地帯である湖北省神農架において、人とも獣ともつかない怪物の存在が取りざたされたのは、一九七〇年代後半から八〇年代初期にかけてである。ヒマラヤにおける雪男のような謎の未確認動物として騒がれ、中国科学院は一九七六、七七、八〇年の三回にわたり、国家レベルの調査隊を組織し、神農架山中に分け入ったとされている。結局〝野人〟は発見されぬまま、ブームは収束していったが、当時、中国内外のマスコミが〝野人〟捜索のニュースを頻繁に報道したことにより、日本でもその存在は比較的ポピュラーであったといえるだろう。

本章での考察は、その〝野人〟の実在の真偽を問うものではない。繰り返しになるが、神農架〝野人〟騒動をひとつの社会現象としてとらえ、それに対する、中国人たちの反応を見ていこうとするものである。数々の目撃証言の記述、学者たちの考察などから、彼らのなかにある共通イメージとしての〝野人〟像をあぶり出そうというわけである。

なお、ここでは〝野人〟の目撃談について、その内容の信憑性は問わない。「どのようなモノとして、中国人に語られているか」が重要と考えるからである。そのため、これまではあまりかえりみられなかったような目撃談も、進んで取り上げていくことになるだろう。

また、神農架の〝野人〟騒動を受けるかたちで、八〇年代以降世に出た「〝野人〟文学」とでもいうべき、一連の文学作品における〝野人〟の描かれかたを見ていくことにしよう。そして、それら中国人によって語られた〝野人〟像のなかに、「いつか見た形象」としての物語のルーツの存在を確認してみようと思う。

目撃談その一

マスコミ報道や、書物に記された目撃談にあらわれる〝野人〟の形象については、日本では早くに中野美代子氏が分析を試みている。中野氏はその著書『中国の妖怪』（岩波文庫、一九八三）などにおいて、古代中国の地理書『山海経《せんがいきょう》』をはじめ、中国の書物に見える出典の存在をあきらかにし、「一九八〇年の野人報道における『野人』とのおどろくべき類似があろう」（『中国の妖怪』第三章）と指摘している。ここではその先行研究に倣うかたちになるが、私が最近採集したケースもそれに加えることにより、〝野人〟資料のいっそうの充実を図ることができれば幸いである。

まず、目撃報告中にある〝野人〟たちの形象を分析していくことにしよう。

まずは一九七四年、李健の報告書中にある、殷洪発《いんこうはつ》と闘った〝野人〟である。これは、初めて〝野人〟を中央に報告したケースとされている。一九七四年六月、『人民日報』社や中国科学院に送られた、中国共産党鄖陽《うんよう》地区委員会宣伝部の李健副部長（彼はのちに湖北省社会科学院歴史研究所研究員・中国〝野人〟考察研究会執行主席となる）による調査報告書「人と猿人との格闘、房《ぼう》県に生きた猿人出現」（「在人与人猿搏斗中、房県発現活着的人猿」）は、同年五月に発生したといわれている、ある事件を伝えるものであった。

劉民壮『中国神農架』などに採録された記述によれば、一九七四年五月一日（メーデーでその日は休日だった）、房県橋上《きょうじょう》区杜川《とせん》公社清渓溝《せいけいこう》大隊の副主任である共産党員、殷洪発が、山中にて全身長い体毛におおわれ、二足歩行をする動物に出くわした。そいつは手を伸ばして殷をつかまえようとしたが、殷は身をかわし、持っていた鎌で反撃した。しばしもみ合いになったが、やがてその動物は「アッ！　アッ！」と叫びながら逃げていったという。ふもとの村に帰った殷は、老人から、それは〝野人〟であり、科学的にいうところの猿人である、と教えられた。長年、山の動物は見慣れているはずの殷も、あのような生き物は初めて見たと語っている。現地の幹部や民衆は、この生き物を〝野人〟と呼んでいるが、これは神話や伝説ではなく、実際に目撃されている存在であると、李健氏は締めくくっている。「全身長い体毛におおわれ」「二足歩行をする」「アッ！　アッ！と叫びながら」などの特徴が記載されている。

目撃談その二

そのディテールが詳細を極めるのは、やはり一九七六年五月十三日深夜、車のヘッドライトの光のなか、六人の共産党幹部が遭遇した〝野人〟についての報告であろう。一九七六年五月十四日、中国科学院古脊椎動物・古人類研究所および『人民日報』社に送られた、神農架林区の共産党員からの緊急の電報は、神農架林区の共産党員六名が、同時に〝野人〟を目撃したという衝撃的な内容を伝えていた。前述の李健の報告書とならび、〝野人〟騒動最初期の目撃事件とされている。なお、同報告書はもともと内部資料であるため、今回参考にしたのは劉民壮『中国神農架』に採録された文章（同書三二一～三二三頁）である。また、同事件を簡単に伝える日本語の記事としては、南英「秦嶺《しんれい》に出没する『野生人』の謎を追って」（『人民中国』一九八〇年九月号）が最も早いものと思われる。

そこで描写されている〝野人〟の特徴を、ここに箇条書きにしてみよう。

・全身の毛は赤茶色できめ細かい（全身毛棕紅、細軟）
・顔は麻色を帯びている（臉帯麻色）
・背中の毛はナツメのような赤色（背上毛呈棗紅色）
・腕の毛は長さ約四寸（約一三センチ）ほど垂れ下がっている（臂毛下垂約四寸長）
・四肢はとても大きい（四肢粗大）
・大腿部はご飯茶碗くらいに太く、すねの部分は細い（大腿有飯腕粗、小腿細）
・前肢は後肢に比べて短い（前肢較後肢短）
・動きは緩慢で、音もなく歩く（行動遲緩、走路無声）
・妊娠しているかのよう（似懐孕状）
・臀部は大きく、尾はない（屁股肥大、無尾）
・顔は上部が広くて下部が狭い（臉上、上寬下窄）

秦嶺に出没する
「野生人」の謎を追って
南 英

湖北省の西北、大巴山脈の神農架は、華中第一峰と称され、険しい山々が重なり、植物の種類が多く、森林資源が豊富だ。

ネス湖の怪物の謎とともに、まだとけない世界の謎のひとつが野人（野生人）である。

アメリカ大陸では、大足の怪物――サスカチを目撃し、十七秒間のフィルムに収めたことが発表され、アジアでは、ヒマラヤの雪男イエチィの話がある。コーカサス、モンゴルにも、別種の野人――アルマス人やカージシェク人がいるといわれる。

目下、アメリカやソ連など各国科学者の間で、野人の調査研究が進められ、一種の国際競争の形となっているが、今回は、中国の野人の謎を日本の読者にご紹介しよう。

原生林で見た母子

ことし一月、北京で出ているアマチュア向きの古生物学や古人類学の雑誌『化石』に、栗林の中で野人母子と出合った読者の手紙が載った。差出人は大原製鉄所で科学関係の仕事をしている樊井泉さんで、一九五〇年代初めのこの奇遇が、きちょうめんにしたためられている。

建国の初期、わたしは県工業部（省にあたる）所属の西北地質調査隊で仕事をしていた。陝西省の秦嶺の北側を、東から西に一年間にわたり、全面的な地質調査をしたときに、長年この山奥に住む二人の猟師と知り合い、調査隊の道案内をたのんだ。二人が地元の情況を紹介したさいに、この辺りの山村から遠く離れた森林には、野人がよく出没し、秋、そこには栗林のなかでよく出てわすという話をし、みなに注意をあたえた。いまはちょうど冬の初めで、野人のあらわれる季節である。万一、ぶつかったら、真正面から目をみてはいけない。目を伏せて静かに動向を注視すること。ぱっと逃げたりせず、ゆっくり歩いて方向を変えること。もしもとつぜん目の前に現われたさいには、食べ物をやったり、親愛の態度を示せば、攻撃されることはまずないだろう。

ここでひと月ちかく仕事をしたが、残念なことに、地質隊のキャンプの周囲、半径二五キロの範囲では、野人には会えなかった。

地点を移すことになったので、その前に、わたしは好奇心から、例の栗林にいって、野人とはいったいどんなものかをみたいと猟師に頼み、銀貨五枚（解放当時、辺境地区では人民幣はまだあまり流通していなかった）を渡したら、承知してくれた。

ある夕方、わたしと猟師はこっそり隊をはなれ、キャンプからだいぶ離れた原生の栗林に行った。落ちた栗の実は地面を覆い、くぼみには五寸の厚さに溜まっている。空にまだ明るさののこる頃、現われたのだ、野人が大と小。小でも背丈は一・六メはあり、どうやら母子らしい。母はこちらを相当警戒していて、つねに二〇〇メ内外の距離をたもち、深い樹林のなかを見え隠れしているが、小さいのは猟師のすぐ前まで走り出て栗を拾って食べた。母はときどきロバか馬のような叫び声を出して、小さいのをよびよせた。日もくれてきたので、事故でも起きてはと、そうそうにひきあげた。

翌日、またいったが、こんどは会えなかった。どうしても、もっとはっきり見ておこうと、三日目にもう一度いってみた。なんと、母子で、林の中でのんびり遊んでいる。わたしたちをみても平気だ。わたしは栗を拾うような恰好でかなり近づいていった。立ちあがって直視するのはタブーなので、「栗の皮をむくまねをしながら、こわいもの見たさで伏し目の観察をつづける視野に、母のほうの下半身だけがはっきり見える。直立している大腿は、両側の毛に血のりが凝固していた。形は人びとの話とほとんど同じで、これがその母野人に違いない。頭頂は赤茶色の毛でおおわれ、ふだん這って歩かないことを証明している。こうして一分間以上経ってから、そろそろとそこを離れ、一〇〇メ以上になったところで、私たちはやっと体をのばした。

その帰途、年取った猟師は、あの野人の母子にはなん回も出合っていると話し出した。子どもは七歳くらいだろう。彼等は山のほら穴に住んでおり、入口はひじょうに小さく、中にはいってから大きな石でそこをふさぎ、野獣の襲来を防ぐことを知っている。そのほか、たくさんの印象的な体験談も話してくれたが、この猟師は正直な人なので、私は、その話を、うそとは思わない。

残念ながら、この奇遇は隊長から重視されるにいたらず、奇談のたぐいとみる者も少なくなかった上に、本来の仕事に追われて、あわただしくここを離れた次第である。

樊さんは手紙のなかでたしかに野人が存在すると述べ、野人さがしを

— 42 —　— 43 —

『人民中国』1980年9月号に載った記事――南英「秦嶺に出没する『野生人』の謎を追って」

・口は幾分突き出ている（嘴略突出）

・我々が車でそいつに向かってぶつかっていくと、そいつは機敏に道ばたに身をかわした（当我們開車向它衝去時、它機閃在路傍）

ヘッドライトに照らされていたとはいえ、深夜の暗闇で、しかも短時間で観察したとは思えないほど、克明な描写である。ここには、その後大量にもたらされることとなる、目撃報告中の〝野人〟の形態のエッセンスが凝縮されている。

目撃談その三

かつて一九八〇年の〝野人〟調査隊の隊長を務めた杜永林著『野人――神農架から

杜永林著『野人―神農架からの報告』

の報告』（中国三峡出版社、一九九五）には、目撃者の証言とされている例が、数多く集められている。そのなかからいくつか抜きだしてみよう（括弧内は中根注）。

①（身長は）普通の人の背たけくらいで、全身毛が生えており、（その毛は）赤黒い色でした。顔にもにこ毛が生えていて、顔つきは人と変わりありませんでしたが、ただ、口がいくらか突き出ていて、少し高く、目は大きく、落ちくぼんでおり、眉毛が長い。パッと見て、まったくビックリさせられましたよ。（張玉金《ちょうぎょくきん》の証言）

②その（〝野人〞のものと思われる）掘っ建て小屋から、二、三メートルの所に、ふたりの〝野人〞が立っており、まさに頭を上げて、我々山の峰を行く部隊を見ているのです。我々のほうを向いて笑ってさえいるではありませんか！　全身に毛が生えており、背の高いほうはメスで二つの乳房が大きく、木の葉を下半身に巻いているようでした。身体は黒っぽい赤色で、頭髪は比較的長く、淡い茶色で、ざんばら髪。背は一般人よりもはるかに高く、とてもでかい図体で、

太っていました。顔も手もみなことさら汚れているのが目立ちました。もう一頭の〝野人〟は少し背が低いといっても、それほど小さくもなく、オスかメスかはよくわかりませんでした。毛の色はやはり赤く、頭髪も長く、手は黒かったですね。〝野人〟の足は大きく、その顔は人間のものとほとんど変わりませんでした。

（翟瑞生《てきずいせい》の証言）

③全身毛だらけで、（体毛は）五、六寸（約一六〜二〇センチ）の長さでした。頭髪はもっと長く、焦げ茶色で蓑《みの》の色に似ていました。その胸には、掌《てのひら》大で、毛がなく白い傷跡になっている部分がありました。頭は長く、顔も長く、鼻も細長かったです。

（甘明之《かんめいし》の証言）

ほかに載せる目撃談も、似たり寄ったりである。いずれも、全身に毛の生えた、しかしその顔は人間によく似た「人面獣身」のモンスターである点が共通している。

〝野人〟のご先祖様の系譜

実はこのような、人にあらざる山の住人の描写は、中国古代の地理書『山海経』に多く見られるものである。

梟陽国（『山海経』より）

a（獄法《ごくほう》の山には）獣がいる。その形状は犬のようで人面。よく物を投げて、人を見ると笑う。その名は山𤟤《さんき》。

（第三「北山経」）

b 梟陽国《きょうようこく》は北朐《ほくく》の西にある。その姿かたちは人面で唇は長い。黒い身体に毛が生え、踵《かかと》が反対向きについている。人が笑うのを見て、（自分も）笑う。左手に管を持つ。（第十「海内南経」）

c 南方に贛巨人《かんきょじん》がいる。人面で長い唇、黒い身体に毛がはえ、踵が反対向きについている。人が笑うのを見て、（自分も）笑う。笑うと唇がその顔をおおうので、（その隙に）すぐ逃げ出せる。

（第十八「海内経」）

また後世の文献にも、これと類似の特徴を持つ「人面獣身」モンスターが散見される。それらをいちいち列挙することはここではしないが、明代に李時珍《りじちん》が著した『本草綱目《ほんぞうこうもく》』中、「狒狒《ひひ》」の項では、『山海経』の梟羊《きょうよう》（梟陽国のこと）・山𤟤や、のちの文献に見える野人《やじん》・人熊《じんゆう》・山都《さんと》・山魈《さんしょう》・

木客《ぼくかく》・山𤢖《さんそう》・山鬼《さんき》・山精《さんせい》・山丈《さんじょう》・旱魃《かんばつ》・冶鳥《やちょう》などを、同様の山の妖怪としている。

これら山の妖怪たちと、先に挙げた神農架〝野人〟の目撃報告とをくらべてみれば、その類似性に気付くであろう。これはすでに中野美代子氏によって、日本の新聞に掲載された中国〝野人〟報道における描写と、上記のような過去の文献との共通性が指摘されている（前掲『中国の妖怪』）。「全身毛だらけ」で「人のような顔」であることはもちろんだが、一九七六年五月の報告例や、目撃談の①の中にある「口が少し突き出ている」や、②の「私たちの方を見て笑っている」など、『山海経』にまでさかのぼることのできるディテールは、現代〝野人〟目撃談のなかでも共通に語

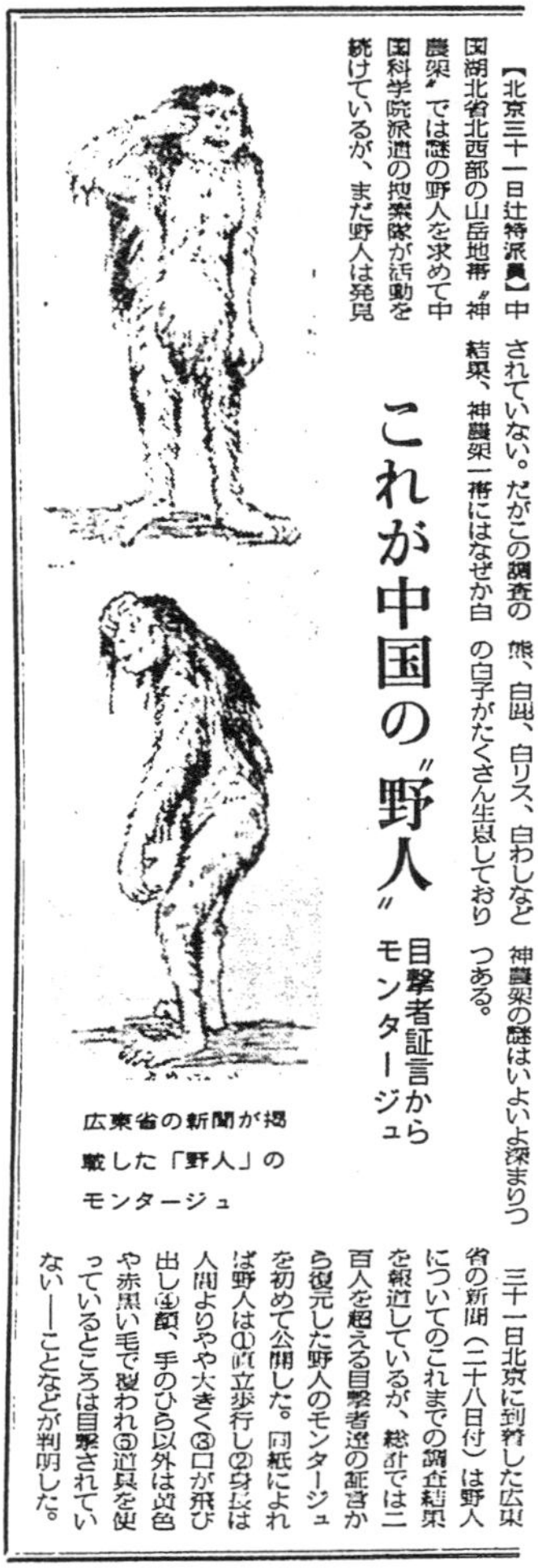

これが中国の〝野人〟

目撃者証言からモンタージュ

【北京三十一日辻特派員】中国湖北省北西部の山岳地帯〝神農架〟では謎の野人を求めて中国科学院派遣の捜索隊が活動を続けているが、まだ野人は発見されていない。だがこの調査の結果、神農架一帯にはなぜか白熊、白[illegible]、白リス、白わしなどの白子がたくさん生息しており神農架の謎はいよいよ深まりつつある。

三十一日北京に到着した広東省の新聞（二十八日付）は野人についてのこれまでの調査結果を報道しているが、総計では二百人を超える目撃者達の証言から復元した野人のモンタージュを初めて公開した。同紙によれば野人は①直立歩行し②身長は人間よりやや大きく③口が飛び出し④顔、手のひら以外は灰色や赤黒い毛で覆われ⑤道具を使っているところは目撃されていない——ことなどが判明した。

広東省の新聞が掲載した「野人」のモンタージュ

『毎日新聞』記事（1980年8月11日）。目撃証言をもとに作成された〝野人〟のモンタージュを掲載

られている特徴であり、中国人が共通に思い描く「山中の妖怪」の典型的形象であるといえるだろう。

また目撃談②で、「木の葉を下半身に巻いているようでした」とあり、なにやら腰蓑《こしみの》のような物を連想させるが、これは戦国時代の楚《そ》の詩人、屈原《くつげん》の『楚辞《そじ》』中の「九歌《きゅうか》」に見える「山鬼」の次の一節が影響しているのではないだろうか。

若有人兮山之阿
被薜荔兮帯女蘿
——人あるがごとし、山のくまに
薜荔《へいれい》を着て、女蘿《じょら》を帯とす

薜荔は蔓《つる》性の植物で、女蘿は地衣《ちい》類（コケの類）の植物である。つまり、山中に住んで植物を身にまとった〝人〟について歌われているのである。しかも、屈原は現在の湖北省秭帰《しき》県出身で、そこは神農架から数十キロしか離れていない長江沿いの土地である。ほとんどの〝野人〟関連書では、この事実を挙げ、「山鬼」は〝野人〟を歌ったものではないか、と推測されることが多いが、反対に屈原の歌う山中の異人のイメージに引っ張られて、同様の形容で〝野人〟目撃談を語ってしまった、という可能性も否定できない。

神農架に隣接し、やはり〝野人〟目撃報告の多い房県については、清代に編まれた『房県志』なる書物に「多毛人《たもうじん》」の記載があり、これも〝野人〟と関連づけて語られることが多い。

神農架一帯での目撃談と、古代から語り継がれてきた山の妖怪の形態に関する記述との一致から、「やはり中国には古代より〝野人〟が存在し続けているのだ」と主張する向きもあるが、むしろ脈々と伝えられてきた古来からのイメージに支配され、対象にそれを投影して見てしまった、と考えるべきではなかろうか。先に紹介した、六人の共産党幹部が見たという〝野人〟の目撃報告を思い出していただきたい。深夜、ヘッドライトのわずかな光のなかで、あれだけ克明にその姿を描写できたのはなぜなのか？　彼らの頭のなかには、すでに伝説上の山の妖怪の姿が刷り込まれており、「それらしき」影というわずかな情報からでも、容易にその全容を推し量れるようになっているのではないだろうか。

2 〝野人〟をめぐるエピソード

〝猴娃〟の物語

〝野人〟の形象について、その形態ディテールについての考察につづき、もうひとつ、今度は〝野人〟のあらわれるストーリーを分析してみよう。

まず最初に、山の大ザルと人間とのハーフではないかといわれている〝猴娃《ホウワー》〟の物語について考えてみたい。これを伝える第一報は、一九八〇年四月十九日の上海『文匯報《ぶんわいほう》』に「四十年前、四川の一農婦が生んだサルの姿をした子供」「〝猴娃〟の遺骨、上海に持ち込まれ研究進める」の見出しとともに載った記事である。内容は、四川省（当時）の巫山《ふざん》県にいたとされる〝猴娃〟の遺骨を研究中というものである。そこでは〝猴娃〟のエピソードとして、以下のように紹介されている。

本报讯　四十年前，四川省巫山县一户农民家庭出生了一个“亦猿亦人”的孩子，当地曾传为奇闻，称之为“猴娃”，并有很多传说。最近，“猴娃”的遗骨已被带到上海，引起了有关方面的兴趣与注意。

四十年前四川一农妇所生猴相小孩
“猴娃”遗骨被带到上海进行研究

“猴娃”，生于一九三九年的三、四月间，名叫涂运宝。刚生下来时脑壳直径只有八公分，象猴。他浑身长毛，弯腰曲背，走起路来喜欢四肢着地，爬梯子十分灵活。他不要穿衣服，家里人给他穿上衣服，他就撕下来，冬天也这样，从不怕冷。他不爱吃熟的食物，喜欢吃生玉米。到一九五九年前后，“猴娃”已是二十岁的男青年了，但身高仅一米四左右，脑壳只有十三厘米左右，而且不会讲话，野性很突出，喜欢抓人。

去年八月，在湖北神农架林区考察“野人”的上海师范大学生物系教师刘民壮同志得知这一消息后，特意寻访，找到了“猴娃”的家属，得知“猴娃”已在一九六二年一次高烧后死去。“猴娃”的母亲张光秀至今健在，今年七十二岁。“猴娃”还有一个哥哥、两个姐姐、一个弟弟，都已有了后一代。在祖辈与后辈中，均未有“猴相”出现。在当地各级组织与“猴娃”家属的帮助下，刘民壮他们发掘了“猴娃”的坟墓，取得了一副完整的骨架。

从骨架来看，它与人、猩猩、猴子都不同。比如额骨平斜，脑容量只有三百五十毫升，只相当于拉玛古猿的进化水平。齿形却类似拉玛古猿或南方古猿，其脊椎和四肢骨比能够直立的北京人还要原始得多，但是，也混有少量现代人的特征。

据当地群众说，“猴娃”的母亲在一九三八年夏天曾在山里失踪了二十多天，回来后就怀了孕，次年生下了“猴娃”。“猴娃”的出现，是纯粹的“返祖”现象，还是另有原因，至今还不能定论。这副骨架运到上海以后，已引起了有关方面的重视。许多科技人员认为，解开这个谜，对研究人类学、病理学等是很有意义的。

正常人头骨（上）与发掘出的“猴娃”头骨的差别。

“猴娃”涂运宝生前的照片。

『文匯報』記事（1980年4月19日）。〝猴娃〟の第一報

（前略）

〝猴娃〟は一九三九年の三~四月の期間に生まれ、名を涂雲宝《とうんぽう》という。生まれ落ちたばかりのときには頭まわりの直径がたったの八センチしかなく、サルのようであった。彼は全身に毛が生え、腰をかがめ背を曲げ、道を歩くときには四肢を地面に着けることを好み、とてもすばしこくはしごを登った。彼は衣服を着ようとせず、家の者が衣服を着せても、すぐに引き裂いてしまった。冬も同様で、寒さを恐れたことはなかった。彼は調理した物を食べることを好まず、生のトウモロコシを好んで食べた。一九五九年あたりになると、〝猴娃〟はすでに成年男子となっていたが、身長はわずか一四〇センチくらいしかなく、頭まわり

はたったの一三センチほど。おまけにことばが話せず、野性が顕著であり、人をひっかくことを好んだ。

（中略）

地元民の話によれば、〝猴娃〟の母は一九三八年夏に、山のなかで二十日間あまり失踪したことがあり、帰ってきた後にすぐ妊娠し、翌年に〝猴娃〟を生んだという。〝猴娃〟の出現は純粋な「先祖返り現象」なのか、またはほかに原因があるのか、今のところまだ論を定めることはできない。その骨格は上海に運ばれた後、すでに関係者たちの大きな注目を集めている。多くの科学者たちは、この謎を解くことは人類学・病理学などの研究にとって非常に意義のあることであると見なしている。

また、この記事では、神農架で〝野人〟調査をしている生物学部教授・劉民壮氏が、その遺骨の調査にもあたったということが記載されている。

日本での〝猴娃〟報道

同ニュースは日を置かず、日本でも新聞数紙に報道されている。例えば『文匯報』の記事から二日後の一九八〇年四月二十一日付『北海道新聞』に載った「中国に〝猿人〟いた」という記事。同記事のニュースソースはもちろん上記の『文匯報』で、以下のように紹介されている。

（前略）

この〝猿人〟は一九三九年、中国四川省巫山県の農家に生まれ、一九六三年に病死した。最近になってこの〝猿人〟のうわさを聞いた上海市の大学の生物学研究者、劉民壮氏がその家族を訪れて調査、遺骨を掘り出して調べたところ、「猿に近い人間」であることを確認した。

この〝猿人〟は全身に毛が生え、腰や背中が曲がっており、四つんばいで歩いたり、すばしこくはしごを登ったり、人をひっかいたりする性癖があった。言葉はしゃべれず、料理した食べ物がきらいで、生のトウモロコシを好んだ。衣服を着せてもすぐ引き裂き、冬でも裸で暮らした。二十三歳まで生きたが、身長は百四十センチていどだった。

（中略）

〝猿人〟の近所に住んでいた人たちは、一九三八年（猿人が生まれる前年）の夏、母親が二十日間余り山中で行方不明になり、家に帰ってきた後、妊娠していることが分かったと言っているという。

同日の『毎日新聞』も「中国に〝サル人間〟がいた」との見出しで同事件をこう伝えている。

中国に"サル人間"がいた

上海紙報道

腰と背曲がり、4つ足歩行

1939年生まれ、すでに死亡

"先祖返り"か、それとも…？

【北京二十日共同】中国ではこのところ、原始林の住人"野人"や毛だらけ人間"毛孩"（マオハイ）などの相次ぐ登場により、人間進化の不思議をめぐりかまびすしい議論が巻き起こっているが、今度は人のお腹から生まれながら頭がい骨から歯形、体形、生活様式までサルそのものという"サル人間"の写真が有力紙に掲載され、またまた話題騒然となっている。

北京に二十日着いた上海紙「文匯報」が詳しく報じたところによると、上海師範大学生物学部の劉民壮教授らがこのほど研究を開始した"サル人間"とは、中国南西の四川省巫山県の農民、張光秀さん（七二）のお腹から一九三九年に生まれた。男の子で涂運宝と名付けられたが、全身毛だらけ、腰と背が曲がっており、長ずるに及んでは冬でも衣類を受け付けず、しかも両手を着地させる四つ足歩行。

煮たり焼いたりした食べ物がきらいで、好物は生のトウモロコシ。身長は一四〇センチ以上に伸びず会話はできないものの、動作は機敏ではしごなどスルスル上り、人を見てはひっかくのが大好きだった。

この"サル人間"、二十三歳で死亡したが、劉教授らが涂運宝さんの骨などを調べたら、頭がい骨はゴリラ、サルと同型で脳の容量はわずか三百五十cc。歯形は南方古猿（なんぽうこえん）のものとそっくりで、セキツイと手足の骨は北京原人より原始的で「現代人としての特徴はごくわずか」ということも判明した。

涂運宝さんの骨は上海に送られ本格的研究がなされているが、同紙では「純粋な"先祖返り現象"か、別の原因がそうさせたかのナゾを解明することは人類学上重大な意義がある」と述べた。ちなみに、母親の張さんは今も健在で、涂さんの兄弟らには"サル人間"のような異常はないという。

河合雅雄・京大霊長類研究所長の話　チンパンジーと人間の間で子どもが生まれることは生物学的にありうるという学者もいる。脳の量は三百五十ccといい、チンパンジー（約四百cc）以下だが、人間でも全身毛だらけやしっぽのついた赤ちゃんなど先祖返りの現象もたまにある。報道の内容がどこまで正確かよくわからないが、おそらく先祖返り現象の一つで、二十三歳まで生きたのは珍しく、人類学上、貴重な資料になると思う。

"サル人間"涂さんの生前の写真。左上は通常の人の頭がい骨、左下は涂さんのもの（共同）

『毎日新聞』記事（1980年4月21日）

上海師範《（ママ）》大学生物学部の劉民壮教授らがこのほど研究を開始した〝サル人間〟とは、中国南西の四川省巫山県の農民、張光秀さん（七二）のお腹から一九三九年に生まれた。男の子で涂運宝と名付けられたが、全身毛だらけ、腰と背が曲がっており、長ずるに及んでは冬でも衣類を受け付けず、しかも両手を着地させる四つ足歩行。

煮たり焼いたりした食べ物がきらいで、好物は生のトウモロコシ。身長は一四〇センチ以上に伸びず会話はできないものの、動作は機敏ではしごなどスルスル上り、人を見てはひっかくのが大好きだった。

『毎日新聞』の記事では、その母が妊娠前に山のなかで失踪して云々といった地元民の語る逸話はカットされている。ここで注意しておきたいのは、第一報である『文匯報』の記事のなかでさえ、母親が失踪したとは書かれていても、「では誰が彼女を孕ませたのか」という問題については、まだ直接的には説明されていなかった点である。

〝猴娃〟の生と死

『文匯報』の記事中にも出てくる劉民壮氏は、〝野人〟調査隊になんども関わっている華東師範大学の生物学の研究者である。〝猴娃〟の物語については、実際に調査にあたった同氏の著作『中国神農架』に、より詳しく記録されている。新聞報道では婉曲的に書かれていた「地元民が語るところの誘拐犯の正体」についての記述は、ここにおいて見ることができる。

一九七九年七月下旬、私が竹山官渡《ちくざんかんと》公社で調査をしていたとき、上海静安区教師進修学院の李《り》孜《し》先生からの電報を受けた。四川の巫山県に〝雑交児〟がおり、すでに死んでいる、ということだった。八月に私は四川省巫山に行って調査を進め、現地当局の協力のもと、その〝混血児〟の遺骨を掘りだした。現地では〝猴娃〟と呼んでいた。わかっているところによると、〝猴娃〟の母は、かつて一九三八年陰暦の六月、一頭のユラユラと直立歩行する〝大青猴《ダーチンホウ》〟に背負われていき、山の洞窟で二十日あまり暮らし、一九三九年三月にひとりの〝サルの赤ん坊〟を生んだという。全身黄色がかった茶色の毛で、容貌がサルに似ていたので当地では〝猴娃〟と呼ばれ、二十三歳まで生きたが、一九六二年に、お尻を火鉢で火傷した後、熱を出し、食欲をなくして死んでしまった。〝猴娃〟の出生前の伝説については、いろいろな解釈があるだろうが、私が調査中に得た一枚の〝猴娃〟の生前の写真、および彼の完全な骨格は本物である。

〝青猴〟とは、〝野人〟ではなくサルの一種（チベットモンキー）のことをいう。その直接の死因にまで言及している以外は、おおむね『文匯報』に載った記事と同内容である。劉氏は遺骨の鑑定の結果、サルに近いものの、結局それが何であるかは不明としている。

また、一九八〇年の〝野人〟調査隊の隊長を務めた杜永林氏の著作、『野人——神農架からの報告』にも、〝猴娃〟についての記載がある。出生までの過程についての伝説は同様であるが、生前の〝猴娃〟のようすについて、より詳しい描写がある。

〝猴娃〟は名を徐運宝《じょうんほう》（原文ママ）といい、成長していくうち、ユラユラと歩くようになり、木のハシゴを繰り返しくぐったり、登ったり下りたりと、動きはサルのように俊敏であった。現地の人々は彼が衣服を身につけているのを見たことはなく、寒い冬でも、彼は素っ裸で雪のなかを飛び跳ねていた。〝猴娃〟はある程度の思考力はあったが、ことばを話すことはできず、単純に「アー！　アー！」、「ワー！　ワー！」と叫ぶのみであった。年齢を重ねるにつれ、彼のサルのような行動はより顕著になっていき、彼がよそからやって来た見知らぬ人をひっかいたりしないようにするため、両親はときどき縄で彼の手や足を縛った。一九六二年の冬、彼はお尻に火鉢で火傷を負った後、熱を出し、食欲をなくし、死んでしまった。二十三歳まで生きた。

最後、死因のくだりは劉民壮氏の記述とほぼ同一の結びである。

劉氏が「生前の伝説についてはいろいろな解釈があるだろう」と述べているように、女性が〝大青猴〟にさらわれた、とするうわさは、共同体のなかで話されている推測に過ぎないであろう。一九九四年に発行された『科学晩報』月末版（総四九四期）には、〝猴娃〟の記事が大きく取り扱われているが、そこでは〝猴娃〟の遺族について、以下のように記している（括弧内は中根注）。

神農架〝野人〟調査隊は、現地にて調査研究をおこなった。かつて何度も〝猴娃〟の生母を訪ねて話をし、「〝猴娃〟の謎」を解こうとしたが、彼女本人は〝青猴〟に背負われてさらわれたという「野趣」について認めたことはなく、そのうえ第三者の目撃もなかった。〝猴娃〟の父は早くに亡くなり、母親も数年前にこの世を去っている。涂雲宝は四人兄弟で、兄・姉・弟がおり、彼らは知能的にも、生理的にも正常であった。兄は長年、生産隊の隊長さえしていた。〃猴娃〃は第三子にあたるが、彼ら（〃猴娃〃の兄弟）は母親と〃青猴〃との「因縁」についてはなにも知らなかった。

これら「〃猴娃〃の物語」が明るみに出たのは、七〇年代後半から八〇年代にかけての〃野人〃騒動の過程においてであった。

〃雑交野人〃の物語

ところが、九〇年代後半の一九九七年十月、これと実によく似た構造を持つニュースが「事実」として報道された。すなわち、私が一連の〃野人〃騒動に首を突っ込む原因ともなった〃雑交野人〃報道である。

その経緯については、すでに詳しく見てきたところであるが、ここでもう一度おさらいしておくことにしよう。『華西都市報』一九九七年十月七日の記事は、「湖北省で〃混血〃野人発見。身長二メートル、頭部は尖っていて小さく、矢のように突起した背骨の存在がはっきりと認められ、今なお健在……」という見出しで、事件を伝えた。

中国〃野人〃考察研究会と武漢大学音像出版社が制作し、一九九七年十月一日に一般向けに発売したVCD用ソフト『神農架〝野人〟探奇』に収録されている映像のなかに、〝雑交野人〟――つまり混血の〝野人〟――と呼ばれる人物が写っており、同記事はそのことを伝えている。以下、あらためて記事の一部を引いておこう（括弧内は中根注）。

……説明によると、そのビデオ資料は、一九八六年に中国〝野人〟考察研究会の会員によって神農架と隣接する場所で撮影されたもので、当時〝雑交野人〟は三十三歳、その母も健在だったという。その女性は夫を亡くしてから、ずっと寡婦《かふ》を守り通していたが、雑交（混血）児のことについては非常に恥に思っており、調査者に対しては、終始詳細をあきらかにしようとはしなかった。李愛萍女史（このVCDの仕掛け人）によれば、「幸いにも、彼女の長子である〝雑交野人〟の兄は、生産隊の幹部をしており、本会（中国〝野人〟考察研究会）会員の『秘密を守る』という約束を得た後、（彼は）その母が〝野人〟にさらわれていき、混血の子供を生んだという〝プライバシー〟を話してくれました」とのことである。

〝雑交野人〟は今も健在で、同研究会は現在研究準備中であるとしている。また同様なケースとして、くだんの〝猴娃〟の例も引かれている。

この簡単な記事のなかには、この〝雑交野人〟のニュースが、大筋において〝猴娃〟の物語のバリエーションのひとつであるという証拠が数多く見られる。「女性をさらう」「混血児を生む」といった出生前の伝説的モチーフはもちろん、ほかの兄弟に異常はなく、兄が生産隊の幹部であるという細かい部分までも奇妙な符合を見せている。

この報道が、新聞紙上における〝雑交野人〟の真贋論争の火付け役になり、例えば翌十一月八日付『成都商報』では懐疑的な立場に立って、専門家へのインタビューや、李愛萍女史に追跡取材を行っているのは、本書第一章の冒頭でご紹介した通りである。

〝猴娃〟から〝雑交野人〟へ

おそらくこの騒動の最終的な追跡取材記事は、香港で発行された雑誌『前哨』一九九九年一月号における特集「大陸の〝雑交野人〟の謎」(「大陸的〝雑交野人〟之謎」)であろう。これまたすでに見てきたところであるが、そこには一九九七年十二月十七日に、中国新聞社・中国科学技術探検学会・中国UFO研究会・北京有朋広告伝播中心による連合調査団の面々が、湖北省長陽県の〝雑交野人〟の生家を突き止め、遺骨の貸し出しを申請したという事が書かれていた。第一報道では「健在」とされていたはずの〝雑交野人〟は、すでに死んでいたのである。その後、遺骨は北京に運ばれたが、鑑定の結果〝混血〟ではありえないものの、骨格的に異常が多く、古人類的特徴も見られるため、今後も分析を進めるとして、記事は終わっている。同記事中に書かれた、〝雑交野人〟の

前哨月刊　大千世界　1999年1月號

曾被傳媒炒得沸沸揚揚
大陸的「雜交野人」之謎
王　勇

王方辰指著照片向記者解釋。

1986年10月底，在曾繁勝家門前拍攝到的曾的全身像。

『前哨』1999年1月号記事

生い立ちや生前のようすにまつわる物語は、関連報道のなかでも一番詳しいと思われる。ここであらためて関連する部分を引いておこう。なお記事のなかで、〝猴娃〟と呼ばれているのは、ここでは〝雑交野人〟のことである。

〝猴娃〟は名を曾繁森といい、一九五六年十月二十二日に生まれた。干支は申《さる》で、兄弟中、上から四番目。一九八九年に死亡、三十三歳だった。その父母および兄ひとり、姉ひとりが、彼よりも先にこの世を去っている。

曾繁森は生まれたとき、身体が普通の嬰児よりも大きく、「生まれ落ちるとすぐに、奇妙な鳴き声をあげた」。そこで幼名を「全《チュアン》子《ツ》」とつけた。人生を全《まっと》うできるようにとの意味である。彼は生まれたときから掌や土踏まず、臀部と胸部に黒くて太い毛が生えていたが、三歳のときに姉の臘秀《ろうしゅう》に抜いてもらってからは、二度と生えてこなかった。

曾繁森は言語能力を持たなかったが、平素は兄弟たちが彼の面倒を見ていた。彼も「恐れ」については理解していた。「あなたが目でにらみつければ、彼はすぐに目をおおう」。

曾繁森は自活する能力もなかったが、身体はきわめて健康だった。兄弟たちによれば、外に一尺の雪が積もっていても、彼は裸足で威勢よくピョンピョンと走り回ったという。厚い氷が張っても、衣服を着ることがなかった。一生のうちで病気になることはなかったが、ただ死ぬ前だけは、かなり長い期間、腹をこわしていた。彼は死ぬさいは穏やかに息を引き取り、晩に眠ったきり、翌日二度と目を覚ますことはなかった。

ここでは〝猴娃〟と〝雑交野人〟の物語の類似性がさらに顕著になっている。思わずどちらがどちらであるか、混乱してしまいそうになるほどだ。この〝雑交野人〟の記事に見える「出生時に体毛が生えていた」「言語能力を持っていなかった」「身体は健康で、雪のなかを裸足で駆け回った」などの数々のファクターは、かつて〝猴娃〟のものとして語られていた話の構成要素である。さらにいえば、生まれ年が申（サル）というのも、なんともしゃれがきいている。

人間をさらうサル

これらはいずれも、人と〝野人〟との〝混血児〟といわれる者（多くは身体的異常者）に対して語られる、一部定型化した伝説の焼きなおしであるといえるだろう。なんども国家レベルの〝野人〟調査にたずさわった経験のある袁振新《えんしんしん》教授（第一章参照）も、このような事例にはしばしば遭遇したといい、心身障害児などが生まれると、共同体の人間たちはその原因を〝野人〟との関係に求めるのだと話している（『成都商報』一九九七年十一月八日）。

このような「事実の記述」とされている〝野人〟物語のプロットは、実は長い歴史を持っている。まず、「女性をさらう」というモチーフは、後漢の焦延寿《しょうえんじゅ》『易林《えきりん》』に見える以下の記述にさかのぼれよう（括弧内は中根注）。

南の山の大玃《だいかく》が私の愛する妻を盗んだ。（私は）おびえて追いかけることもせず、帰ってひとり宿に泊まった。

大玃とは何か。時代は下るが、明代に編まれた李時珍『本草綱目』巻五十一では、玃《かく》について詳しく説明している（括弧内は中根注）。

玃とは老猴《ろうこう》である。蜀（現在の四川省あたり）の西の域外の山中に棲息し、猴（サル）に似て大きく、色は蒼黒《あおぐろ》く、人のように歩く。よく人や物を攫《と》り、またよくキョロキョロと見回す。そのため玃という。オスだけでメスがいないため、またの名を玃父《かくほ》ともいい、また猳玃《かかく》ともいう。よく人間の女をさらい、配偶者として子供を生ませる。また『神異経《しんいきょう》』にいわく、「西方に獣がおり名を猸《しゅう》という。大きさは驢馬《ろば》ほどで姿は猴のようであり、木によじ登ることに長け、メスだけでオスはいない。群をなし、人どおりの多い道路で男を捕まえ、これと交わり孕む」。これもまた玃の類だが、オス・メスについては逆である。

人間をさらって、配偶者にするサル型の怪物話の原型、現代〝野人〟伝説のプロトタイプがここにある。

混血児の出産

次に、異類との結婚の結果として生まれる〝混血児〟についての記述としては、東晋の干宝《かんぽう》『捜《そう》神記《じんき》』に載せる以下の話が有名である（括弧内は中根注）。

蜀《しょく》の西南部の高い山のなかに、得体の知れないものがおり、サルに似ている。身長は七尺ほど、人のように立って歩くことができ、人を追いかけるのがうまい。名前は猳国《かこく》あるいは馬化《ばか》、または玃猨《かくえん》と呼ばれている。道を行く女性をうかがい、美人がいればさらっていき、その後は人知れない。そのそばを通り過ぎようとする人は、（お互いにはぐれないように）長い縄で体をつないでいくのだが、それでもだめである。こいつは男女の臭いをかぎ分けることができるので、女を取って、男は取らないのである。女性を取れば、配偶者とする。子を生まない者は一生帰ることができず、十年経つと姿かたちもそれ（猳国）にそっくりとなり、考えも朦朧《もうろう》となり、ふたたび帰ろうとは思わなくなる。子を生んだ者は、すぐに抱きかかえて家まで送り返してくれる。生まれた子はみな、人間の姿をしている。（子供を）育てる者がいないと、その母がすぐに死ぬので、それを恐れて育てないものはないのである。成長すると人間と変わったところはなく、みな楊《よう》を姓とする。それで現在の蜀の西南部には楊姓の者が多いが、ほとんどみな猳国や馬化の子孫なのである。

同じ話は西晋の張華《ちょうか》『博物志《はくぶつし》』にもある。このような記述に着想を得、小説作品に昇華させたのが作者不詳の唐代伝奇小説『補江総白猿伝《ほこうそうはくえんでん》』である。ここでは実在の人物、欧陽紇《おうようこつ》を主人公に、彼が白猿の怪物にさらわれた妻を奪還するという、虚構の物語が展開される。欧陽紇はみごとに白猿を退治するのであるが、妻はすでに白猿の子を身ごもっており、作品中にその名は示されていないが、それが後に書家として世に知られることになる実在の文人、欧陽詢《おうようじゅん》であるというオチがついている。「女性をさらって妻にする」「混血児の出産」というモチーフの物語はここにひとつの完成形を見る。

語り継がれる〝野人〟の物語

以後、「混血児の出産」こそなくなっていくものの、「女性をさらって妻にする」という同様のプロットを受け継いでいる作品には、宋の徐鉉《じょげん》『稽神録《けいしんろく》』(『類説』に引用)の「老猿婦人を窃《ぬす》む」、周《しゅう》去非《きょひ》『嶺外代答《れいがいだいとう》』の「桂林猴妖《けいりんこうよう》」、明の洪楩《こうきょう》『清平山堂話本《せいへいさんどうわほん》』の「陳巡検梅嶺失妻記《ちんじゅんけんばいれいしっさいき》」や、馮夢《ふうぼう》龍《りゅう》『古今小説《ここんしょうせつ》』の「陳従善梅嶺失渾家《ちんじゅうぜんばいれいしっこんか》」、瞿佑《くゆう》『剪灯新話《せんとうしんわ》』の「申陽洞記《しんようどうき》」、凌濛初《りょうもうしょ》『初刻拍案《しょこくはくあん》驚奇《きょうき》』の「塩官邑老魔《えんかんゆうろうま》色に魅《み》せられ、会骸山大士《かいがいさんだいし》邪を誅《ちゅう》す」、清の袁枚《えんばい》『子不語《しふご》』の「大毛人《だいもうじん》女を攫《さら》う」「黒苗洞《こくびょうどう》」などがある。

また、文学作品のなかでは失われていく「混血児の出産」モチーフは、民間説話のレベルで「猴《こう》娃娘《あいじょう》説話」として残り、現在まで伝わっている。そのあたりは直江広治氏の著書『中国の民俗学』(岩崎美術社、一九六七)に詳しいのだが、そのバリエーションのひとつに、「サルのお尻はなぜ赤いか」あるいは「なぜ尻尾がないか」という「なぜ型」の類話がある。さらわれて妻にされていた人間の女性が、隙を見てサルのもとから逃げだすのだが、サルのほうも追いかけて連日娘の所を訪れ、家の前の石（あるいは石臼）に座り込んで頑張る。ある日、家人がその石を真っ赤に焼いておいたため、腰掛けたサルはお尻に大火傷を負って逃げ帰る――というストーリーだ。

お気づきになったかたもいらっしゃるだろう。巫山県の〝猴娃〟の死因にまつわるエピソードを思いだしていただきたい。火鉢で尻に火傷を負い、それがもとで発熱し、食欲をなくし、死亡したというこの語りかたは、あきらかにこの民間説話の影響を受けたものといえるだろう。

『補江総白猿伝』の一場面

〝野人〟生活一家の物語

もうひとつ、〝野人〟をめぐるエピソードの番外編とでもいうべきテクストにも触れておこう。中国のニュースを伝える日本語新聞『チャイニーズドラゴン』紙が一九九八年三月二十四日付の紙面で伝えた、例の〝野人〟生活一家に関する報道である。

同紙が「現地紙などの報道」をもとに伝えるところによると、重慶市郊外の出身で、工事現場の日雇い労働をしていた向培登《しょうばいとう》なる男が、一九七六年に農家の娘と結婚し、まもなく子が生まれたが、それはふたりが望んだ「男児」ではなかった。一九八〇年に生まれたふたり目も女の子。ちょうど現地政府が計画出産政策——いわゆるひとりっ子政策——を始めたころで、すでに子供がふたりいる彼らには避妊手術が義務づけられた。しかし、それを逃れて、彼らは妻の実家に近い神農架の山のなかに逃げ込んだ、というのである。以下、原文を抜粋する。

……男児をもうけたいがために山ごもりをした一家だったが、待望の男児はなかなか誕生しなかった。妻は山中で次々と出産したが、女児ばかり。結局九人目の子供までが全員女の子で、一九九一年秋にようやく初めての男児が誕生した時には、妻は男児が産まれない無念さと十年以上の山中生活の心労で、ノイローゼに陥っていた。

その時点で長女はすでに十五歳になっていたが、学校に行ったこともなく、家族以外の人と話したこともなく、読み書きはおろか、会話力も幼稚園児並みしかなかった。妻のノイローゼも悪化するばかりで、向さんはついに下山を決意。一九九三年に妻の実家に戻った。

十人も子供をもうけたことについて、現地の計画出産当局は、山中生活で政策違反のつぐないは十分に果たしたと考えたのか、特に処分は下していない。その後、一家十二人は元気に暮らし、娘たちも学校に通うようになっているという。ただし主人の向さんだけは、山中生活がよほど気に入ったのか、今でも基本的には山の中に住んでいて、木を売る時などごくたまに家に帰るだけだそうだ。

これは、直接に謎の未確認動物〝野人〟を扱ったものではないが、先に挙げた『捜神記』などに見える話と、細部にわたるまで酷似していることがわかる。しかも舞台は、いわずもがなの神農架である。この事件が実際にあったのかどうかはわからないが、紙面に載った記事が、伝統的な〝野人〟フォークロアに支配されたストーリーに仕立て上げられていることに、疑いを挟む余地はない。

『捜神記』において、「子」が生まれない女は一生山から帰してもらえないとあるが、中国語では「子《ツー》」は、男児を指す。農村では伝統的に男児願望が根強く残っているのは、日本も中国も変わらない。ここに、「計画出産政策」という現代中国ならではの新たなファクターが加わることによって、伝統的モチーフはそのままに、新しい〝野人〟伝説が形成されるのである。

十年以上男児が生まれない妻が、ノイローゼ状態になってしまうのも、『捜神記』における「十年経つと姿かたちもそれ（猳国）にそっくりとなり、考えも朦朧となり、ふたたび帰ろうとは思わなくなる」という部分の現代的解釈として理解できる。さらに、待望の男児を生んだ妻が、「妻の実家」に送り返される点にも注目されたい。男は最後まで（〝野人〟のように）山中暮らしのままなのである。「子を生んだ者は、すぐに抱きかかえて家まで送り返してくれる」という『捜神記』の一節をそのまま受け継いでいると見ることができよう。

以上見てきたように、現代の〝野人〟目撃報告などにおける〝野人〟の形象には、古来より中国人の慣れ親しんできたある一定のイメージが大きく影響を及ぼしているといえるだろう。現代という時代に合わせ、細部の改変こそあれ、その構造、持っているモチーフはそのままに受け継がれてきたのだ。

そのようにして生まれた現代〝野人〟目撃談や、マスコミなどによって流された〝野人〟調査隊の活動報告は、今度は逆に、物語の世界にどのような影響を与えていったのであろうか。次節では、〝野人〟騒動以後にあらわれた、〝野人〟が登場する文学作品について考えてみることにしたい。

3 〝野人〟のいる文学史

八〇年代前期の〝野人〟作品群

一九八〇年に大捜索隊が神農架に送り込まれたのを最後に、〝野人〟捜索に対する社会的関心は徐々に下火になっていく。しかし、一九八一年に中国〝野人〟考察研究会が発足したように、民間レベルでは多くの〝野人〟マニアを生んだ。一九八三年には陝西人民出版社から『〝野人〟尋蹤記《じんそうき》』（江延安《こうえんあん》、雲中滝《うんちゅうりゅう》編著）が出版された。動物学の研究書という体裁をとっており、神農架の一連の〝野人〟騒動について、おそらく最初に体系的にまとめられた研究書である。

と同時に、中国全土に報道された〝野人〟騒動のニュースは、一部の作家たちの創作意欲にも火を着け、八〇年代に入ると、〝野人〟を扱った作品が登場し始める。

以下、おもに小説等の文学作品のなかに登場する〝野人〟たちを紹介していくことにしよう。

まず、一九七八年、現代に蘇る〝野人〟を描いた童恩正《どうおんせい》の『雪山魔笛《せつざんまてき》』が発表される。ここでの舞台は、すでに五〇年代にブームとなっていた雪男がいるとされるヒマラヤである。

確認できる限り、現代の神農架の〝野人〟が登場する最初期の作品は、一九八〇年二月に雑誌『科学文芸』に載った蕭兵《しょうへい》の「野人」であろう。〝野人〟にロマンを求める新婚夫婦が、神農架の山中に入り、〝野人〟と遭遇するSF冒険モノで、夫が女〝野人〟にさらわれたり、妻も〝野人〟に襲われそうになるのを、衣服を燃やして火を起こすことでかろうじて身を守ったり、ハラハラさせる展開となっている。最後に〝野人〟はとらえられ、全世界は中国が成し遂げたその偉業に刮目《かつもく》する、という結末を迎える。

また同年同月の『新疆《しんきょう》文学』に田天《でんてん》の「猴娃《ホウワー》」が掲載される。ここでは人間の母から生まれたサルのような子供の悲しい運命が描かれている。

『個旧《こきゅう》文芸』一九八〇年第二期に収める楊瑞仁《ようずいじん》「野人追捕記」では、中国の科学者たちが某森林にて〝野人〟を捕獲。毛髪などの資料を採集した上で発信器をつけて〝野人〟を解放し、その生態を解明することができた、というストーリーである。

『科学浪花』一九八一年第三期誌上に汪杭《おうこう》の「野人」が掲載される。少年探偵のお手柄で、殺人事件の犯人が〝野人〟であると判明する、という話である。作中、やはり神農架が出てくる。

『科学文芸』一九八一年第六期誌上に掲載された暁帆《ぎょうはん》の「雪人謎踪《せつじんめいそう》」は、神農架で〝野人〟捜索の経験もある主人公が、ヒマラヤで雪男にさらわれた妻を奪い返すという物語。

『科学与人』一九八二年第二期誌上に発表された臧瑾《ぞうきん》・正平《せいへい》の「野人とともにいた日々に」（「在与野人相処的日子里」）は、原生林に〝野人〟捜索に入った調査隊のひとりが、友好的な〝野人〟一家に受け入れられ、その一員になるという話である。

同じく一九八二年七月に福建人民出版社から出た『深山脱険』に収める、嵇鴻《けいこう》・許《きょ》祖《そ》馨《けい》・楊忠《ようちゅう》椿《ちん》・崇娜《すうな》による表題作「深山脱険」も〝野人〟のエピソードだ。奇異動物調査隊員の主人公が、赤い〝野人〟や青い〝野人〟にさらわれるも、最後は〝野人〟もろとも救出に来たヘリコプターに収容されるというストーリー。

蕭平「野人」の扉絵
（『科学文芸』1980年第2期）

一九八四年には、群衆出版社から羅石賢《らせきけん》の『〝野人〟哀史』が出る。これは神農架の原生林を舞台に、神出鬼没の〝野人〟を追う老教授とその娘の冒険物語である。

同年には先に掲げた『〝野人〟尋踪記』の著者、雲中滝が児童読み物として書き上げた『神農架探奇』が、上海少年児童出版社から出版されている。もうひとつ、児童向け読み物としては陳伝敏《ちんでんびん》著、方駿《ほうしゅん》挿絵『神秘的原始森林』（江蘇少年児童出版社）が同じく一九八四年に出版されている。これは四人の中学生が〝野人〟の存在を確かめるため、探検隊を結成し、原生林のなかに入っていくという物語である。

一九八五年には『西蔵文学《チベット》』誌上に、チベットの作家で、先に挙げた中国〝野人〟考察研究会会員でもあるという蕭蒂岩《しょうていがん》の「野人考察随筆」シリーズが連載された。ここでは、〝野人〟を、やはり同じ時期にブームとなっていた「空飛ぶ円盤」「宇宙人」などと関連づけて、さまざまなユニークな推論が展開される。女性がさらわれ〝野人〟との混血児を生んだという、前節で見られたフォークロアのチベット版（もっとも作者は実話のつもりかも知れない）を紹介したりもしている。

高行健の「野人」

一九八五年、雑誌『十月』第二期誌上に、高行健《こうこうけん》の舞台劇脚本「野人」が発表された。十五年後の二〇〇〇年には中国人初のノーベル文学賞を受けることになる彼であるが、この作品では、「多

高行健「野人」の舞台写真

声部現代史詩劇」と銘打ち、〝野人〟をめぐって生態学者や現地の人々が繰り広げる複雑なドラマを描いている。複数のテーマを同時進行させながら、自然保護問題についても盛り込んでおり、作品中に明記されてはいないものの、登場人物が『黒暗伝』（一九八三年に神農架で発見された漢族の創世神話）を歌い上げるといった描写などから、神農架を舞台にしていると考えて間違いない。作者の高行健自身、作品の巻末に付した「上演する際の注意」において、『黒暗伝』は湖北省神農架地区で発見された漢族の史詩である、とことわってもいる。同作品は同年、北京で初演を飾っているほか、一九八八年にドイツ、一九九〇年に香港などでも上演されている。

これまでに挙げた他の〝野人〟作品が、もっぱら〝野人〟探しの冒険譚やその正体をめぐるＳＦモノであったのに対し、高行健の作品はむしろ人間側、つまり〝野人〟騒動に揺れる山里の人間模様の描写に重きを置いている。実際に〝野人〟が姿をあらわすのは、最後の最後に少しだけである。本作には、騒動を大げさに報道するマスコミの無責任ぶりや、〝野人〟を利用して地域振興をしようとする林区の責任者、目立ちたいがために〝野人〟の目撃談を得意げに語る愚か者、おのれの利権を守るため林区の自然保護区化に反対する林業関係者等々に対する風刺がふんだんに込められている。さらにその存在をめぐって、外国の〝野人〟学者たちの侃々諤々《かんかんがくがく》の議論が展開されるなど、当時の〝野人〟騒動を冷静に見つめていた高行健の眼差しが感じられる異色作となっている。

高行健は長編小説『霊山』（台北、聯経出版公司、一九九〇）においても、神農架の〝野人〟の話題を持ちだしている。

この高行健と〝野人〟の関係については、また別の機会にあらためて考察してみたい。

八〇年代後期〜九〇年代の〝野人〟作品群

創作文学というジャンルとは異なるが、一九八六年には、かの中国〝野人〟考察研究会編による『中国〝野人〟之謎』が、花城出版社から出る。〝野人〟に関するニュース・歴史的記載・目撃報告・調査記録などを載せている。その後も、前述の劉民壮と李健の同研究会のふたりは、神農架

〝野人〟関連の著作（劉民壮『掲開〝野人〟之謎』江西人民出版社、一九八八／李健『野人之謎』中国地質大学出版社、一九九〇／劉民壮『〝野人〟追踪記』上海児童出版社、一九九一／劉民壮『中国神農架』文匯出版社、一九九三）をそれぞれ発表していく。

一九八八年に出された、紫楓《しふう》編『野人求偶記』（中国民間文芸出版社）は、おもに〝野人〟と人間が契りを交わすというモチーフを持った作品を四篇、付録として中国内外の〝野人〟に関する新聞記事や書籍からの抜粋などを収めている。

その後も、「中国科幻創作叢書」の一冊として、童宏猷《どうこうゆう》『山鬼《さんき》』（浙江少年児童出版社、一九九五）などが出版されている。題名のとおり、先に触れた屈原の『九歌』中の「山鬼」を、〝野人〟と同定しているわけである。ここではその正体を、戦乱を逃れた巴人《はじん》の末裔と位置づけ、人間との〝雑交野人〟（先に挙げた巫山県の〝猴娃〟のエピソードを引用している）捜索を軸に、神農架での冒険が描かれている。一九九六年に河北科学技術出版社から出た『中国最新科幻故事』に収める「野人郝《やじんかく》女《じょ》」（初出不明）も、神農架を舞台とした〝野人〟の物語である。

また、子供向けとしては、近年でも絵本や漫画という形でいくつか出版されている。表紙に「科学を愛する子供たちに献ず」とのコピーが入れられた『野人之謎（全集）』（郗仲平《ちちゅうへい》原作、海嘯《かいしょう》・善《ぜん》琨《こん》・蔚元《うつげん》挿絵、中国三峡出版社、一九九六）は、神農架での調査から帰って来た生態学者の父が、幼い息子に〝野人〟についてさまざまなエピソードを織り交ぜながら語って聞かせるという形式の、

連環画『野人之謎（全集）』

連環画（漫画本）である。全編オールカラーで、絵の下にある二、三行の説明文にはすべてピンイン（ローマ字による発音記号）が付されている。作品中には、私たちがインタビューを試みた胡振林氏をはじめ、〝野人〟騒動に関わった実在の関係者も数多く登場する。父の話を聞いた少年は、一生懸命勉強して立派な科学者になることを夢見るのであった。

「科学愛好者叢書」の一冊として出されたアメリカンコミック・スタイルの漫画『野人之謎』（科学愛好者叢書編纂委員会編、四川科学技術出版社、一九九七）では、やはり神農架の原生林を舞台に、主人公の若者が〝野人〟親子と出会い、次々に襲ってくる野獣と闘ったりするなど、アドベンチャー風の作品である。最後はマッドサイエンティスト風の教授が、〝野人〟を追いかけたまま神農架の原生林の奥へ姿を消してしまい、若者は日常に復帰する。

現代の作品に息づく伝説

当然ながら、これら〝野人〟のいる文学作品はいずれも、かつて盛んに報道されていた〝野人〟

の目撃談からその形象を借りている。そのストーリー展開も、新聞報道や関連書物で公表された〝野人〟事件に着想を得て、さらに脚色してふくらませたものである。

そしてそれらは、ひいては先に見てきたような、古代より伝わる獣人型の山の妖怪物語の、現代版リメイク作品のごとき様相を呈しているのである。例えば『野人求偶記』に収められた最初の作品、表題作の宋尤興《そうゆうきょう》「野人求偶記」は、村の古老が「中国〝野人〟考察研究会第二回代表大会と学術討論会」に参加しているアメリカ・日本・イギリス・フランス・ドイツの学者たちに語った話として、女〝野人〟にさらわれた清代の男の話を載せている。彼が連れ去られた先は、洞窟である。

科学愛好家叢書『野人之謎』の１ページ

「人間が〝野人〟にさらわれ、洞窟へ運び込まれる」という物語は、実話として語られているいくつかの事例がある。例えば一九八七年六月に起こった事実として、関連書物に引かれている事件では、唐月鵬《とうげつほう》なる当時十七歳の木工職人が、神農架山中で背後から〝野人〟に襲われ、気を失っているうちに洞窟に運び込まれた、とされている。

また、一九八四年八月七日付『朝日新聞』夕刊は、前日六日に北京放送が流した「中国科学院民族研究所のふたりの研究者がおこなった、チベットでの『野人』調査の結果」によるものとして、以下のような記事を載せている。

……また「女の野人」は、大きな乳房が邪魔になって坂を下りるのが下手。人間の男性に会うと襲いかかる。パトロール中に襲われた人民解放軍の兵士は、ふもとから五〇メートルの高さのがけの中腹にある「女野人」のすみかの洞穴で数ヶ月間手足を縛られたままなぶりものにされ、やっとのことで逃げ出したとたん、洞穴の入口から転落、岩で全身を打って死んだ。

実話とするには、結末において破綻しているのであるが、女性の〝野人〟が男をさらっていくというモチーフを持つ点で興味深い。これも中野美代子氏によってすでに指摘されているが、その出典は宋代、周密《しゅうみつ》の『斉東野語《せいとうやご》』に載せる野婆《やば》や、先に挙げた『本草綱目』に引く六朝『神異経』の䝝《しゅう》などに求められる（中野『孫悟空はサルかな?』日本文芸社、一九九二）。

また洞窟ということに関していえば、前述の唐代伝奇『補江総白猿伝』以来、このての妖怪が、山中の洞窟に人間を連れ込むのは、定石となっている。

〝野人〟の超能力

また、「野人求偶記」において、女〝野人〟は「隠れ身の術（隠身術）」などの超能力を披露するが、これは、〝野人〟が滅多に発見されない理由として、たびたび用いられるファクターのひとつである。作品中、女〝野人〟が、男の前からフッと姿を消したことについて、おもむろに作者が顔を出し、こう語りかける（括弧内は中根注）。

紫楓編『野人求偶記』

読者諸君、これは小説書きのハッタリではありません。この「新婦」（女〝野人〟のこと）はこのとき、あきらかにまだ、阿山《アーシャン》（主人公の男）のそばにおり、ただ彼女がそなえている特殊能力である隠れ身の術の力で、阿山が相手を見ることができないようにしたにすぎないのです。

〝野人〟の超能力については、「〝野人〟調査」の専門家たちが早くに、詳細な調査研究記録を作成しております。〝野人〟は高等霊長類に属し、人類の親類縁者にあたります。人類が超能力を持っているからには、当然〝野人〟にもあるはずです。

『西蔵文学』連載の蕭蒂岩「〝野人〟考察随筆之一」(一九八五年一月号)では、宇宙人や空飛ぶ円盤と関連づけて、宇宙からの移民が、なんらかのアクシデントで地球において退化したものが〝野人〟ではないか、という可能性を論じ、作中人物の対話を借りて、次のように述べている。

最近、「〝野人〟調査」隊員が〝野人〟の持つ「隠れ身の術」のような特殊能力を発見しました。これは新たな発見でありますが、宇宙戦争でかつて敗れたこの種の宇宙移民が、いまだに有しているなにがしかの「天の神」の特質なのでしょうか?

これらの作品中にいう、「隠れ身の術」の研究に関する「〝野人〟調査」専門家の記述を、私は寡聞にして知らないが、『補江総白猿伝』において、厳重にかくまったはずの女性が、姿もなくあらわれた白猿にさっとさらわれていったことや、また、その後の白話小説のなかでも、サル型の妖怪が妖術を使っていたことが思い起こされる。つまり、これら先達の作品に描かれた妖怪の特性が、現代〝野人〟像の形成に影響を与えていると考えられるのだが、現代の〝野人〟をめぐる物語のなかでは、逆にこれら過去の妖怪たちが、〝野人〟のご先祖様として、時間をさかのぼって語りなおされる、という現象が起こる。

前述『西蔵文学』連載の第三回「野人考察随筆之三」（一九八五年三月号）では、タイトルも「野人の超能力（野人之特異功能）」と銘打ち、〝野人〟の「隠れ身の術」をはじめとするさまざまな能力を紹介している。さらに、それらは昔から記録されていますとばかりに、過去の神話伝説にあらわれる不思議な能力を備えた妖怪を列挙し、それらの妖怪名の後に「これはすなわち〝野人〟のことである」と、何回も注釈を入れている。過去のそれらしい妖怪たちは、ここにおいて、すべて

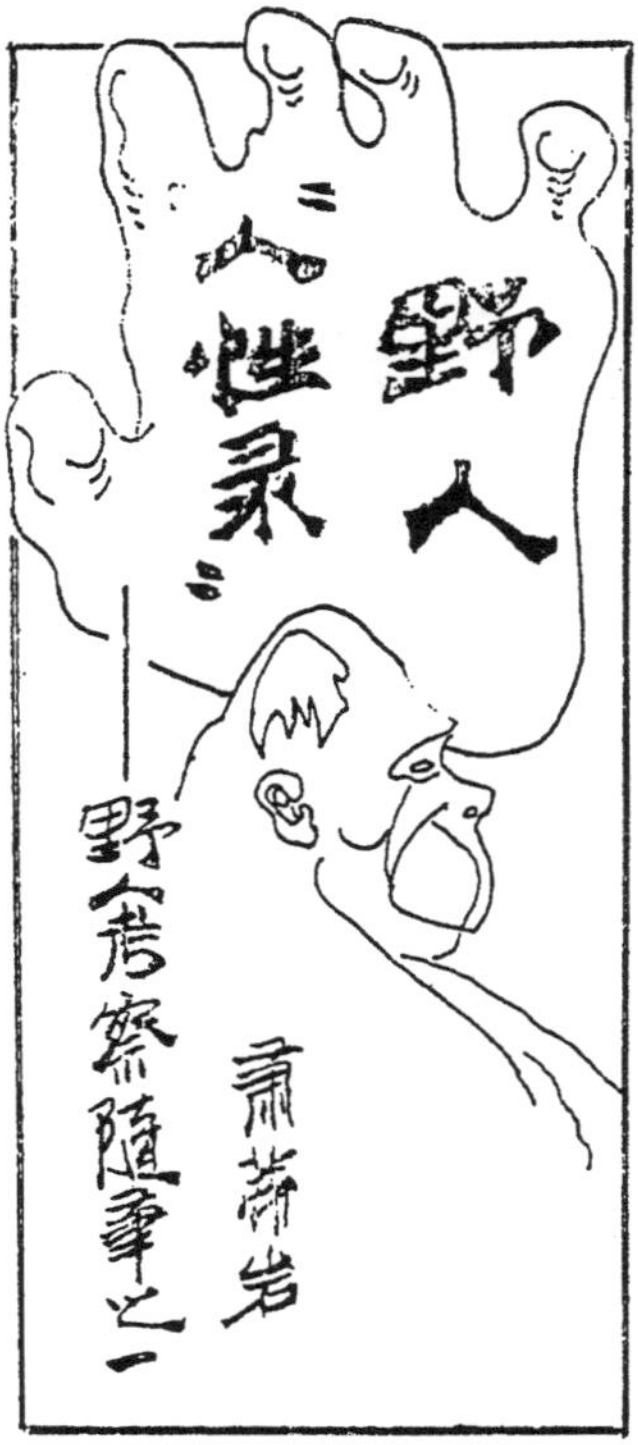

蕭蒂岩の連載「〝野人〟考察随筆シリーズ」第一回の扉絵
（『西蔵文学』1985 年 1 月号）

〝野人〟だった、と語られることになるのだ。そして、かつては妖怪の持つ「妖術」として説明されていたものも、時代を経て現代〝野人〟文学の世界では、「特殊能力（超能力）」という、新たな解釈に立った説明を施されることになるのである。

〝野人〟との混血モチーフ

「野人求偶記」において、主人公の男は、連れ去られた先の洞窟で、この女〝野人〟とのあいだにひとりの男児をもうける。この「混血児の誕生」モチーフも先に見たとおり、古い歴史を持つ。そして、主人公の男とともにこの洞窟から脱出した混血児の息子は、長じてたくましい青年となり、やがて太平天国の乱に参加。母である〝野人〟譲りの「千里眼《せんりがん》」や「隠れ身の術」などの神通力を駆使し、大活躍したとある。生まれた子供が非凡な才能を発揮するというのは、『補江総白猿伝』において最後に語られる、欧陽紇《おうようこつ》の（実は白猿の）息子（欧陽詢《おうようじゅん》）がのちに文才で世に知られたという部分、つまり異常出生の子は人に秀でた能力を有する、という伝承の影響であろう。

作者の宋尤興は、あるいはかなり先達の作品を意識して書いたのではないか、と思われる部分もある。前掲『野人求偶記』に収められている彼の別の作品、「しぼまない班拉花《バンラーホワ》」（「不謝的班拉花」）では、新婚初夜に〝野人〟に新妻をさらわれた夫が、山中を探し回るうち、妻の靴を発見して消息を知るというくだりがある。『補江総白猿伝』では、欧陽紇がやはり妻の靴を見つけて、その居所を知る。

　また、彼のもうひとつの作品「神秘の生き返り草」（「神秘的還魂草」）では、人間の女性が〝野人〟（彼は人間とのハーフであることがほのめかされている）によって洞窟にさらわれていき、夫が救出に向かうのだが、その方法が〝野人〟に酒を飲ませて酔いつぶす、というもので、これも『補江総白猿伝』で白猿に対して用いられた策である。最後は男と〝野人〟は刺し違え、女も身を投げて助かったものの気がふれてしまう。この作品は、主人公が地元の招待所（ホテル）の所長に聞いた狂女の身の上におこったかわいそうな話、という形で語られるのだが、当事者三人のうちふたりが死に、残るひとりも精神に異常をきたしているのに、事件の詳細な一部始終を招待所の所長に伝えたのは誰か、という情報源についての矛盾が生じている。

　これは、先に挙げた『朝日新聞』の伝える「逃げ出したとたん、洞穴の入口から転落、岩で全身を打って死んだ」とされる人物の、死にいたる直前までの〝野人〟との物語が、なぜかキチンと語られている矛盾と同じである。つまり、中国人にとって、「〝野人〟にさらわれたらしい」といううわさが発生しさえすれば、たとえ関係者から事実を聞かなかったとしても、その後に繰り広げられる（であろう）ストーリー展開は、すでに刷り込みずみなのである。

　そのストーリーの主人公は、かつては山に住む妖怪であったものが、より擬人化された未確認動物へと変化していった。それが現代の〝野人〟伝説にほかならない。

4 おわりに

共通イメージとしての〝野人〟像

〝野人〟の存在を信じる人々は、これまでに挙げてきたような古代の記述や、民間の説話を引き合いに出し、現代の〝野人〟との形象の類似性を強調し、それを動かぬ証拠とばかりに自信を持って掲げ、「だから過去にも、そして現在においても中国に〝野人〟はいるのだ」という語りかたをする。〝野人〟関連書は、巻頭部で、まず古代の謎の獣人の記述を、これでもかとばかりに列挙しているものがほとんどである。

これは中野美代子氏の指摘にもあるが、清末の絵入り新聞『点石斎画報《てんせきさいがほう》』には、謎の怪物の出現を描いた記事が少なくない。しかし、それらの怪物は「正体不明の未確認動物」としておわることはまれで、たいていは『山海経《せんがいきょう》』などに登場する名のある怪物に同定される。そして姿かたちも、それ（明・清代に描かれた『山海経』の挿絵など）とそっくりに描かれるのである（中野美代子・武田雅哉編訳『世紀末中国のかわら版―絵入り新聞「点石斎画報」の世界』福武書店、一九八九／中公文庫、一九九九）。

未確認動物と中国人の出会いを考えたときに、この対応には興味深いものがある。姿かたちは『山海経』などに見られるお馴染みの半人半獣タイプの妖怪に借り、それにまつわるエピソードは『捜神記』などの説話文学にルーツを求め、中国人にとって馴染みのある、「いつか見た形象」としての〝野人〟イメージが保持されつづけるのである。彼らが「目撃」する〝野人〟が、古代の記述と同じ形態をしているのは当然である。中国人が古くから抱きつづけてきたイメージに支配され、対象にそれを投影して見ているのである。

現代の〝野人〟の形態や物語が、古代からの山の妖怪の記述に一致しているから、それは同一のもので、かつ存在している——のではなく、むしろ逆なのだ。そのような形態や物語を持つ過去の山の妖怪の存在があればこそ、現代の山の妖怪たる〝野人〟にも、その属性が継承された形で語りつづけられているのである。

いずれにせよ、昔から語られていた山の妖怪のさまざまなフォークロアに対し、それらをすべて〝野人〟の二文字で統一し、ひとつの新概念が生みだされたのは、目撃報告とされるものが出始めた一九七四年から一九七六年にかけての時期であった、といえるだろう。思いだしてほしい。あの神農架在住の胡振林氏でさえ、一九七六年の調査隊のニュースを聞いて初めて、〝野人〟という存在を意識するようになったのであった。そこからさかのぼって、自分がかつて発見した足跡も〝野人〟のモノだった、と理解しているのである。

かつての伝説はすべて「解体」され、科学的「再解釈」を施された上で、一定のモチーフを保持したまま「再構築」された。それこそが、現代〝野人〟伝説の正体なのである。

〝野人〟よ、永遠に……

文学上のプロットが、目撃談に情報を提供し、生々しい目撃談が、今度は〝野人〟文学に影響を及ぼす。相乗効果のように、現代〝野人〟イメージはふくらんでいく。そして、研究者たちがマスコミを通じて流す〝科学的〟見解――。中国人のあいだに脈々と流れてきた〝野人〟の物語は、基本モチーフを崩すことはないものの、現代科学のメスが入ることによって、仙人や道士といったマジカルな色彩、あるいは魑魅魍魎《ちみもうりょう》のたぐいといった素性を捨て、未知の類人猿・古代猿人の生き残り・宇宙人など、現代社会に合わせたアイデンティティーを獲得しつつ、新たな広がりを見せていくこととなる。そして、かつては「妖怪」という不可侵な領域の住人だった〝野人〟は、「未確認動物」という、現代中国の科学力をもってすれば、あるいは解明可能な（よって人間側にとって支配可能な）存在へと引き寄せられていくのである。

そのようにして「未確認動物」なる看板を背負わされた現代の妖怪は、容易に政治的に利用されるようにもなるのだが、それについてはまた別の機会があれば考察してみようと思う。

〝雑交野人〟報道に始まった一連の「中国〝野人〟騒動」は、私にさまざまなことを考えさせてくれた。実際に神農架へ赴き、現地の人間の話を聞き、過去にさかのぼって資料を集め、考察してきたものの、まだまだわからない部分は多い。〝野人〟を扱った作品も、もっと書かれているに違いない。

それにしても、人はなぜ、〝野人〟にひかれ、その物語を語りつづけるのだろうか。

今回の経験からただひとついえることがある。

あの〝雑交野人〟が最後の一匹とは思えない。中国人がその形象に仮託してなにかをいわんとする限り、あの〝雑交野人〟の同類が、また大陸のどこかにあらわれてくるかもしれない——。

◆〝野人〟文献案内

本書執筆にあたって参考とした文献のうち、おもに中国の〝野人〟について書かれたものを紹介しておく。「〝野人〟についてもっと知りたい」「他の書籍や報道記事では、どのように書かれているのだろう?」「〝野人〟が出て来る中国の小説が読みたい」などなど、〝野人〟に興味を持たれたかたがたへの、ちょっとした読書案内である。少々怪しいトンデモ本の類も挙げておいたが、あくまで「どのようなモノとして語られているか」という部分で参考にされたい。読者諸兄も読まれる際は、しっかり眉に唾つけて臨んでいただきたい。

一　日本語文献

【書籍・論文等】(著者名五十音順、邦訳も含む)

〝野人〟騒動と、その周辺に関する文献。

今泉忠明『動物百科・謎の動物の百科』(データハウス、一九九四)
周正著、田村達弥訳『中国の「野人」—類人怪獣の謎』(中公文庫、一九九一)
中根研一「神農架〝雑交野人〟を追え! その1」(『火輪』第六号、『火輪』発行の会、一九九九)
——「神農架〝雑交野人〟を追え! その2」(『火輪』第七号、『火輪』発行の会、一九九九)
——「神農架〝雑交野人〟を追え! その3〈完結編〉」(『火輪』第八号、『火輪』発行の会、二〇〇〇)
——「中国神農架の観光開発—謎の怪獣〝野人〟によるプロモーション展開」(『第6回「観光に関する学術研究論文」入選論文集』財団法人アジア太平洋観光交流センター、二〇〇〇)
——「帰ってきた〝野人〟二〇〇〇」(『火輪』第九号、『火輪』発行の会、二〇〇一)
中野美代子『中国の妖怪』(岩波新書、一九八三)
——『孫悟空の誕生—サルの民話学と「西遊記」』(玉川大学出版部、一九八〇/岩波現代文庫、二〇〇二)
——「金糸猴と『野人』」「中国の妖怪」(『孫悟空はサルかな?』日本文芸社、一九九二)

——「『山海経』の世界を俯瞰する」(『ワールドミステリーツアー〈13空想篇〉』同朋舎、二〇〇〇)
並木伸一郎ほか『世界の未確認動物』(学習研究社、一九八四)
ムー編集部『未知動物世界UMA大百科』(学習研究社、一九八八)
ロベルト・ファン・フーリク著、中野美代子・高橋宣勝訳『中国のテナガザル』(博品社、一九九二/原著:Robert Hans van Gulik, *The Gibbon in China. An Essay in Chinese Animal Lore* 〔E. J. Bill, 1967〕)

【新聞・雑誌報道】(年代順、カギ括弧内は見出し文)
網羅的なのものではないが、管見の限り発見できた日本語の新聞記事・雑誌記事を紹介しておく。

「ヒトとサルの中間? 〝野人〟」(『朝日新聞』一九八〇・一・四)
「中国・秘境の山岳地帯―〝野人〟が住むと人のいう」(『朝日新聞』一九八〇・三・一一)
「人か獣か野人出没」(『北海道新聞』一九八〇・三・一二)
「北京原人そっくりの〝野人〟」(『朝日新聞』一九八〇・三・一一〈夕刊〉)
「中国に〝サル人間〟がいた」(『毎日新聞』一九八〇・四・二二)
「中国に〝猿人〟いた」(『北海道新聞』一九八〇・四・二二)
「これが中国の〝野人〟―目撃証言からモンタージュ」(『毎日新聞』一九八〇・八・一)
「これが〝野人〟だ―中国で生け捕り作戦」(『サンケイ新聞』一九八〇・八・一)
南英「秦嶺に出没する『野生人』の謎を追って」(『人民中国』一九八〇-九)
南英「『野生人』の謎その後」(『人民中国』一九八二-一)
「『野人』は中国にいる?」(『朝日新聞』一九八四・八・七〈夕刊〉)
「幻の『野人』中国で捕獲?」(『朝日新聞』一九八五・二・八)
「発見された『野人』は猿」(『朝日新聞』一九八五・二・一一)
「『野人』騒ぎなぜ起きた―科学院の専門家に聞く」(『朝日新聞』一九八五・四・四)
劉民壮「神農架〝野人〟をめぐって」(『人民中国』一九八六-八)
「原始林の野人を探せ」(『チャイニーズドラゴン』一九九五・四・一八)

アンドリュー・マーシャル「中国の雪男『野人伝説』を追え!」(『週刊プレイボーイ』一九九五・三九)
「男児欲しさに野人生活」(『チャイニーズドラゴン』一九九八・三・二四)

二　中国語文献

【ノンフィクション】(年代順)

ここではおもに、神農架および〝野人〟騒動について、概説的に扱った書籍を中心に紹介する。

江延安・雲中滝『〝野人〟尋踪記』(陝西人民出版社、一九八三)
雲中滝『神農架探奇』(上海少年児童出版社、一九八四)
中国〝野人〟考察研究会『中国〝野人〟之謎』(花城出版社、一九八六)
劉民壮『掲開〝野人〟之謎』(江西人民出版社、一九八八)
李健『野人之謎』(中国地質大学出版社、一九九〇)
劉民壮『〝野人〟追踪記』(上海児童出版社、一九九一)
劉民壮『中国神農架』(文匯出版社、一九九三)
『科学晩報』月末版(総四九四期、一九九四)
杜永林『野人―来自神農架的報告』(中国三峡出版社、一九九五)
陳人麟『神農架探秘』(科学出版社、一九九五)
陳人麟『神農架〝野人〟古今談』(神農架〝野人〟夢園、一九九六)
劉祖炎『神農架大観』(徳宏民族出版社、一九九六)
曹祥本・呉福生・唐昌華『神農架探秘』(湖北人民出版社、一九九八)
『科普天地』一九九八年第九期(科普天地雑誌社)
余生「誰来掲開神農架〝野人〟之謎」(『深圳風彩週刊』総二五二期、一九九八)
『神農架投資指南』(『神農架投資指南』編纂委員会、一九九八)
王萬「大陸的〝雑交野人〟之謎」(『前哨』一九九九-一)

戴銘・杜永林『跨世紀追踪野人』(中国三峡出版社、一九九九)
朱兆泉・宋朝枢『神農架自然保護区科学考察集』(中国林業出版社、一九九九)

【〝野人〟文学作品】(年代順)
〝野人〟をテーマに創作された小説・漫画等。これ以外にも多数存在すると思われるが、現在調査中。

童恩正「雪山魔笛」(『少年科学』一九七八-八～九)
蕭兵「野人」(『科学文芸』一九八〇-二)
田天「猴娃」(『新疆文学』一九八〇-二)
楊瑞仁「野人追捕記」(『個旧文芸』一九八〇-二)
汪杭「野人」(『科学浪花』一九八一-三)
暁帆「雪人謎踪」(『科学文芸』一九八一-六)
臧瑾・正平「在与野人相処的日子里」(『科学与人』一九八二-二)
嵇鴻・許祖馨・楊忠椿・崇娜「深山脱険」(『深山脱険』福建人民出版社、一九八二)
羅石賢『〝野人〟哀史』(群衆出版社、一九八四)
陳伝敏著、方駿挿絵『神秘的原始森林』(江蘇少年児童出版社、一九八四)
蕭蒂岩「野人考察随筆」(『西蔵文学』一九八五-一～七)
高行健「野人」(『十月』一九八五-二)
紫楓『野人求偶記』(中国民間文芸出版社、一九八八)
童宏猷『山鬼』(浙江少年児童出版社、一九九五)
周毅・陳登「野人郝女」(『中国最新科幻故事』河北科学技術出版社、一九九六)
郗仲平原作、海嘯・善琨・蔚元挿絵『野人之謎(全集)』(中国三峡出版社、一九九六)
科学愛好者叢書編纂委員会『野人之謎』(四川科学技術出版社、一九九七)

＊このほかにも〝野人〟に関する文献をご存じの方は、中根までご連絡いただければ幸いです。

あとがき

まさか自分が〝野人〟の本を出すことになろうとは、あの神農架探検当時は予想だにしていなかった。

私が中国で暮らしていたのは、一九九七年九月から一九九九年七月までの、約二年間である。留学先の四川大学――当時は一時的に四川聯合大学という名前であったが――は、四川省の省都・成都市の中心部から見て東南に位置する。そこの留学生寮が、私の生活拠点であった。

私と〝雑交野人〟との出会いは、実に唐突だった。留学開始から一ヶ月後のこと。寮の仲間たちとの親睦イベントとして、格闘技ショーが企画され、学生プロレスサークル経験のある私も担ぎ出される格好となった。そんなこんなでシューズやらサポーターやらを買わなきゃならなくなり、その日私は四川大学近くのスポーツ用品店へと赴いた。店のガラスのショーケースの上には無造作に新聞紙が置かれており、私は邪魔くさいとばかりにそれをどけようとして――固まった。それこそ、「〝雑交野人〟あらわる！」を伝える記事だったのである。

個人的な話になって恐縮だが、〝野人〟は私にとって幼少からのあこがれであった。小学生時代の私は、休み時間になると図書室に忍び込み、世界の七不思議といったたぐいの本をむさぼり読んだ。特にお気に入りだったのがヒマラヤの雪男や、ネス湖のネッシーといった未確認動物の話で、それらは幽霊やUFOなどよりもずっと「ありうる」話だなぁ、と思ったものだ。

私が小学生だった七〇年代後半から八〇年代にかけては、テレビでもそのてのミステリー番組が花盛りだった。『水曜スペシャル』の「川口浩探検隊」も私に影響を与えた番組のひとつだ。探検隊が秘境を進み、数々の困難を乗り越えながら未知の怪物を追い求めるさまに、テレビ的演出のにおいを嗅ぎ取りつつも、毎回胸躍らせたものである。休みの日などはよく近所の森に入っていき、架空の怪獣を探す探検ごっこに興じた。中学の時の文集には「いつか自分が、雪男などの未確認動物の正体をあばいてやる」などと、臆面もなく書いていた。高校生ともなると、さすがに怪獣だの未確認動物だのとはいってられなくなり、興味の対象はほかへと移っていった。しかし思い返してみると、高校の文化祭に出品するために私が制作したビデオ映画も、そういえば主人公たちが森へ探検に行く話だった。その主人公の少年時代の夢は「大人になったらお化けやUFOを研究する博士になること」……。そう、かつての私自身をモデルにしていたのだった。

大学の卒業論文が、山の洞窟に住むサルの妖怪の物語（唐代伝奇『補江総白猿伝』）であったことも、今では運命的にさえ感じる。私は無意識のうちに、ずっと〝野人〟的な存在を追いつづけていたのかもしれない。あるいは〝野人〟に導かれていたのだろうか？

大学を卒業後、北海道大学大学院に進学し、中野美代子先生と出会えたことも大きな幸運であった。中野先生が退官間際の講演で話された中国の〝野人〟についてのお話は、私に多大なインスピレーションを与えてくれた。先生との出会いがなければ、本書は生まれなかったといっても過言ではない。この場をお借りして、心より感謝申しあげたい。

北大を休学して中国留学を始めた私は、すでにいい大人であり、オカルト的なモノにも懐疑的になっていた。しかし、あの日、あのとき、〝雑交野人〟の記事を見た瞬間には、心は少年時代へと戻ってしまっていた。神農架行きも、実に大がかりな探検ごっこのようなモノだった。

そんな私がまだ留学中に書き始めた探検記「神農架〝雑交野人〟を追え！」は、当初発表するあてもなかったが、私の在籍していた研究室（北海道大学中国語中国文学研究室）の学生が中心になって発行していた雑誌『火輪』（第六号〜第八号）誌上で、三回にわたって連載する幸運に恵まれた。本書は、その連載をベースにしながら大幅に書き改め、さらに修士論文で考察した内容の一部をわかりやすくアレンジしてつけ加え、まとめなおしたものである。

実は『火輪』連載中も、まさか本当に〝野人〟を自分の研究テーマにすることになろうとは思っていなかった。しかし、その後いろいろ調べてみると、あるわあるわ、〝野人〟の小説や漫画が。それらを読んでいくうちに、うん、これならちょっとはおもしろい研究対象になるのではないかと、ついには修士論文にしてしまった。これは私の指導教官・武田雅哉先生が、現在では入手困難な中国の〝野人〟モノの記事、ＳＦ小説などを数多く提供してくださったことによるところが大きい。この〝野人〟研究を誰よりもおもしろがり、出来の悪い学生である私への協力を惜しまず、さらには本書執筆への足がかりを作ってくださった武田先生には、ただただひたすら感謝である。

神農架の観光地化は急ピッチで進められている。中国内外からより多くの観光客を呼び込もうと、大都市でイベントが開かれたりしているのは、本書で見てきたとおりである。そのせいかどうかは知らないが、この日本でも最近、神農架ロケをするテレビ番組が多かった気がする。二〇〇〇年春には民放局の某クイズ番組の舞台となり、その時のテーマはズバリ〝野人〟であった。同年秋には、別の民放局がスペシャル番組として神農架で〝野人〟を捜索していたし、二〇〇一年夏にも、ある番組で「野人を追え」というコーナーを設け、三回シリーズで神農架調査の模様を放送していた。まあ、いずれの番組も発見にはいたらなかったのであるが……。本書執筆中の私は、実はそれらを内心ドキドキしながら見ていた。だって、万が一本当に〝野人〟が見つかっちゃったら、私の考察、本書の内容は根本的にひっくり返されてしまいかねないのだから。それにしても日本のテレビ画面で、あの張金星氏が今も元気に神農架の野山を駆けめぐっている姿を確認することができ、かなり嬉しかった。

私が神農架を訪れてから、もう四年が経った。我が探検隊を結成するきっかけとなった店「帰去来」も、昨年（二〇〇一年）ご主人が亡くなり、閉店したと聞く。探検隊のメンバーたちも、すでに全員が留学を終えて帰国し、それぞれの生活を始めている。

つい最近、北海道の雪山のロッジで四川大学時代の仲間たちと小さな同窓会をする機会を得た。ウメキ隊員、サイトー隊員とも久々に対面し、思い出話などに花を咲かせた。二〇〇一年初頭に中国を旅していたウメキ隊員の話では、そのとき立ち寄った雲南《うんなん》省の省都・昆明《こんめい》の駅前の特設会場で、神農架の〝野人〟を紹介する展示イベントを目撃したとのこと。ひょっとして〝野人〟は、神農架のPRのため、地方をドサまわりでもしているのだろうか？

最後に、私の探検旅行を支えてくれた素敵な隊員たち、井ノ上《いのうえ》匠《たくみ》氏、杉浦《すぎうら》史明《ふみあき》氏、梅木《うめき》紀任《のりひで》氏、齋藤《さいとう》宗徳《むねのり》氏に心より感謝申しあげる。旅慣れた彼らの協力なくしては、あの神農架行きはありえなかった。また、深圳行きにさいしては、山田《やまだ》真琴《まこと》氏および彼女のお父上に、現地での宿泊や〝野人〟イベントのチケットの手配など、たいへんお世話になった。あわせてお礼申しあげたい。張金星氏、胡振林氏のインタビューテープを原稿に起こすにあたっては、唐穎《とうえい》氏およびそのご友人のお力添えをいただいた。感謝の念にたえない。そのほかにも関連本を見つけては提供してくれた石原《いしはら》誉慎《たかのり》氏をはじめ、〝野人〟関連の新聞記事やニュースなどを発見するたびに教えてくれた四川大学の留学生仲間たち。中国国内の情報を提供してくれ、助言も与えてくれた樊雲飛《はんうんひ》氏ほか、成都での友人たち。そして私の稚拙な取材に対し、イヤな顔ひとつせずに答えてくれた〝野人〟を愛する神農架の人々に、心を込めて厚くお礼申しあげる次第である。

中根研一

二〇〇二年二月　雪の札幌にて

[著者略歴]

中根研一（なかね　けんいち）

1972年、茨城県生まれ。横浜国立大学教育学部卒業。北海道大学大学院文学研究科修士課程修了。現在、北海道大学大学院文学研究科博士後期課程在学中。専攻は中国文学。大学院在学中に、中国・四川省成都市にある四川大学に2年間留学。論文に「中国神農架の観光開発—謎の怪獣〝野人〟によるプロモーション展開」等がある。

〈あじあブックス〉

中国「野人」騒動記

初版第一刷——2002年6月10日

著者——中根研一
発行者——鈴木一行
発行所——株式会社大修館書店
〒101-8466 東京都千代田区神田錦町3-24
電話03-3295-6231(販売部)03-3294-2353(編集部)
振替 00190-7-40504
[出版情報] http://www.taishukan.co.jp

装丁者——下川雅敏
印刷所——壮光舎印刷
製本所——関山製本社

ISBN4-469-23182-7　Printed in Japan